卓越工程师培养系列
Excellent Engineer Training Series

数字电路的
FPGA设计与实现

——基于Quartus Prime 和 Verilog HDL

主 编／陈军波 何 青

副主编／董 磊 刘宇林

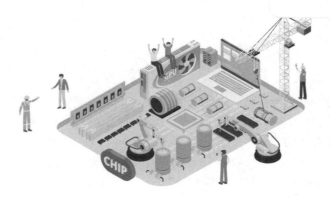

電子工業出版社·
Publishing House of Electronics Industry
北京·BEIJING

内 容 简 介

为了便于开展数字电路实验教学（替代以 74 系列芯片为载体的实验箱），以满足新时代产业对人才培养的迫切需求，本书选用 Intel 公司的 FPGA 芯片及 Quartus Prime 环境，以深圳市乐育科技有限公司的 LY-EP4CM 型 FPGA 高级开发系统为硬件平台，共安排 14 个实验。

14 个实验的主要内容包括集成逻辑门电路功能测试、基于原理图的简易数字系统设计、基于 HDL 的简易数字系统设计、编码器设计、译码器设计、加法器设计、比较器设计、数据选择器设计、触发器设计、同步时序逻辑电路分析与设计、异步时序逻辑电路分析与设计、计数器设计、移位寄存器设计、数模与模数转换等。

本书配套丰富的资料包，包括 FPGA 例程资料、硬件资料、软件资料、PPT 和视频等，它们会被持续更新，读者可通过微信公众号"卓越工程师培养系列"提供的链接获取资料。

本书既可以作为高等院校相关专业的入门教材，也可以作为 FPGA 开发及相关行业工程技术人员的入门培训用书。

图书在版编目（CIP）数据

数字电路的 FPGA 设计与实现 ：基于 Quartus Prime 和 Verilog HDL / 陈军波，何青主编. —— 北京 ：电子工业出版社，2024. 8. —— ISBN 978-7-121-48339-4

Ⅰ．TN790.2

中国国家版本馆 CIP 数据核字第 2024EU7493 号

责任编辑：张小乐　　　特约编辑：张燕虹
印　　刷：天津千鹤文化传播有限公司
装　　订：天津千鹤文化传播有限公司
出版发行：电子工业出版社
　　　　　北京市海淀区万寿路 173 信箱　　邮编：100036
开　　本：787×1092　1/16　印张：13.5　字数：345 千字
版　　次：2024 年 8 月第 1 版
印　　次：2025 年 1 月第 2 次印刷
定　　价：45.00 元

凡所购买电子工业出版社图书有缺损问题，请向购买书店调换。若书店售缺，请与本社发行部联系，联系及邮购电话：（010）88254888，88258888。

质量投诉请发邮件至 zlts@phei.com.cn，盗版侵权举报请发邮件至 dbqq@phei.com.cn。

本书咨询联系方式：（010）88254462，zhxl@phei.com.cn。

前　言

自 20 世纪末起，电子和计算机技术比较发达的国家和地区，如欧洲、美国和日本等，一直都在积极探索电子电路设计的新思路和新方法。以 FPGA/CPLD 为硬件载体，硬件描述语言（Hardware Description Language，HDL）为系统逻辑的描述方式，计算机为工作平台，专用的工具软件为开发环境，可以自动且高效地实现电子设计自动化（Electronic Design Automation，EDA）。

我国传统的数字电路实验教学基本都是使用以 74 系列芯片为载体的实验箱开展的，很多 74 系列芯片早已停产，只能使用拆机料，这种陈旧的教学模式显然已经严重脱离业界需求；而基于 EDA 的现代数字电路的设计技术更能满足新时代产业对人才培养的迫切需求。因此，本书选用 Intel 公司的 FPGA 芯片及 Quartus Prime 环境，以深圳市乐育科技有限公司的 LY-EP4CM 型 FPGA 高级开发系统为硬件平台，共安排 14 个实验（第 2～15 章）。

全书共 15 章、2 个附录，主要内容如下。

第 1 章介绍数字电路开发平台和工具，主要内容包括 FPGA 芯片、FPGA 设计软件 Quartus Prime 20.1、第三方仿真工具 ModelSim 和 FPGA 高级开发系统等；第 2 章介绍集成逻辑门电路功能测试，主要内容包括测试 TTL 和 CMOS 逻辑电路的输入/输出逻辑电平；第 3 章在 Quartus Prime 20.1 软件中基于原理图设计非门、与门和与非门等逻辑门电路；第 4 章介绍基于 Verilog HDL 设计非门、与门和与非门等逻辑门电路；第 5 章通过仿真了解 MSI74148 的功能，并通过 Verilog HDL 实现该编码器；第 6 章通过仿真了解 MSI74138 的功能，并通过 Verilog HDL 实现该译码器；第 7 章通过仿真了解 MSI74283 的功能，并通过 Verilog HDL 实现该加法器；第 8 章通过仿真了解 MSI7485 的功能，并通过 Verilog HDL 实现该比较器；第 9 章通过仿真了解 MSI74151 的功能，并通过仿真实现该数据选择器；第 10 章依次通过 Verilog HDL 实现 RS 触发器、D 触发器、JK 触发器和 T 触发器，并对这些触发器进行仿真和板级验证；第 11 章在 Quartus Prime 20.1 软件中进行同步时序逻辑电路分析与设计；第 12 章在 Quartus Prime 20.1 软件中进行异步时序逻辑电路分析与设计；第 13 章通过仿真了解 MSI74163 和 MSI74160 的功能，并通过 Verilog HDL 实现这两个计数器；第 14 章通过仿真了解 MSI74194 的功能，并通过 Verilog HDL 实现该移位寄存器；第 15 章通过 FPGA 控制扩展的模数、数模转换器件，实现模拟信号与数字信号的转换。附录 A 介绍数字电路 FPGA 设计常用引脚约束，附录 B 简介《Verilog HDL 程序设计规范 LY-STD010-2019)》。

本书的第 2～15 章安排了 14 个实验，各章的"预备知识"引导读者提前预习实验需要掌握的知识点；"实验步骤"以"照猫画猫"的方式引导读者开展"实验内容"要求的实验；"本章任务"是"实验内容"的延伸和拓展，让读者通过实战，以"照猫画虎"的方式巩固实验中的知识点。

本书主要涉及数字电路中的组合逻辑电路和时序逻辑电路，对于常见的 74 系列编码器、译码器、计数器、移位寄存器等器件，先将其封装为 Quartus Prime 20.1 软件中的逻辑器件，然后对其进行仿真和板级验证，再通过 Verilog HDL 实现这些器件，最后再次进行仿真和板级验证，以便清楚地掌握这些器件的工作原理和设计过程。在夯实基础之后，在"本章任务"中，通过一系列综合设计题，让读者基于 FPGA，使用 Quartus Prime 20.1 软件和 Verilog HDL 实现这些数字系统。为了确保顺利完成"本章任务"，建议读者先进行理论分析，并设计出完整的电路，然后在 Quartus Prime 20.1 软件中，通过

Verilog HDL 实现这些电路，仿真成功后，再进行板级验证。

　　陈军波和何青担任本书的主编，总体策划了本书的编写思路，指导全书的编写，对全书进行统稿；董磊和刘宇林担任本书的副主编，共同参与了本书的编写。本书的例程由深圳市乐育科技有限公司设计。特别感谢深圳大学生物医学工程学院、中南民族大学生物医学工程学院、广东医科大学生物医学工程学院、深圳市乐育科技有限公司和电子工业出版社的大力支持。在此一并致以衷心的感谢！

　　由于编者水平有限，书中难免有不成熟和错误的地方，恳请读者批评指正。读者反馈发现的问题、索取相关资料或遇实验平台技术问题，可发信至邮箱：ExcEngineer@163.com。

目　　录

第1章 数字电路开发平台和工具

1.1 现代数字系统设计基础

数字电路可实现数字信号传输、运算、控制、计数、存储与显示等功能，被广泛用于数字计算机、数字通信、数字控制系统等领域，以数字电路为主要组件的数字系统是电子系统的发展主流。传统数字系统的设计往往采用自底向上的设计思路，首先通过真值表获得逻辑函数表达式，然后利用卡诺图对逻辑函数进行化简，最后使用中小规模数字集成电路完成数字系统设计。这种依赖电路设计经验和通用数字集成电路、借助计算机辅助设计数字系统的方法已无法适应现代数字技术的发展。

现代数字系统设计普遍采用自顶向下的设计方法，首先使用硬件描述语言对数字电路的行为或功能进行建模，借用电子设计自动化（Electronics Design Automation，EDA）软件对设计的数字逻辑电路进行优化和功能仿真，再用逻辑综合工具将设计文本转换成网表文件，最后在可编程逻辑器件上编程完成数字系统设计。因此，掌握以硬件描述语言、可编程逻辑器件开发的 EDA 技术成为当今数字系统设计工程师必备的基本技能。

1.1.1 硬件描述语言

硬件描述语言（Hardware Description Language，HDL）是一种用形式化方法来描述数字电路和系统的语言，可应用于数字系统设计的各个阶段：建模、仿真、验证、综合等。在 20 世纪 80 年代，已出现了上百种硬件描述语言，对电子设计自动化起到了极大的促进和推动作用。但是，这些语言一般各自面向特定的设计领域和层次，而且众多的语言使用户无所适从。因此，急需一种面向设计的多领域、多层次并得到普遍认同的标准硬件描述语言。20 世纪 80 年代后期，VHDL 和 Verilog HDL 语言适应了这种趋势的要求，先后成为 IEEE 标准。VHDL 最初是由美国国防部开发出来的，美军用它来提高设计的可靠性和缩减开发周期，VHDL 当时还是一种使用范围较小的设计语言。1987 年年底，VHDL 被 IEEE 和美国国防部确认为标准硬件描述语言。Verilog HDL 则由 Gateway Design Automation 公司（该公司于 1989 年被 Cadence 公司收购）开发，在 1995 年成为 IEEE 标准。

VHDL 与 Verilog HDL 的共同特点在于能通过语言描述抽象表示电路的行为和结构；支持逻辑设计中层次与范围的描述；可借用高级语言的精巧结构来简化电路行为的描述；具有电路仿真与验证机制以保证设计的正确性；支持电路描述由高层到低层的综合转换；独立于器件的设计、与工艺无关；便于文档管理；易于共享和复用。

但是，VHDL 和 Verilog HDL 又有各自的特点。与 Verilog HDL 相比，VHDL 的语法更严谨，可通过 EDA 工具自动检查语法，易于排除许多设计中的疏忽；VHDL 有很好的行为级描述能力和一定的系统级描述能力，Verilog HDL 在建模时，其行为与系统级抽象及相关描述能力不及 VHDL。不过，VHDL 代码比较冗长，在相同逻辑功能描述时，Verilog HDL 的代码量比 VHDL 小很多；由于 VHDL 对数据类型匹配要求过于严格，初学时会感到不太方便，编程所需时间也比较长，而 Verilog HDL 支持自动类型转换，易于初学者入门；Verilog HDL 的最大特点是易学易用，如果有 C 语言的编程经验，可以很快地学习和掌握；VHDL 不支持版图级、晶体管级的底层描述，无法直接用于集成电路底层建模。

1.1.2　可编程逻辑器件

与通用集成逻辑器件相比，可编程逻辑器件（Programmable Logic Device，PLD）的功能不固定，可根据用户的需要通过编程方法确定器件的逻辑功能。目前主流的两种可编程逻辑器件分别是复杂可编程逻辑器件（Complex Programmable Logic Device，CPLD）和现场可编程门阵列（Field Programmable Gate Array，FPGA）。

CPLD 是在传统低密度可编程阵列逻辑（Programmable Array Logic，PAL）、通用阵列逻辑（Generic Array Logic，GAL）的基础上发展起来的阵列型 PLD，其集成度远高于 PAL 和 GAL，它主要由若干个可编程逻辑宏单元（Logic Macro Cell，LMC）、可编程互连线和 I/O（输入/输出）单元组成。CPLD 可根据用户需要生成特定电路结构，实现一定功能的数字系统。

FPGA 主要由若干个基于查找表的可配置逻辑块、I/O 单元和可编程内部连线组成，通过编程可配置实现乘法器、寄存器和地址发生器等数字电路，既可实现简单的数字逻辑电路，也可实现 FIR 滤波器或 FFT 等数字信号处理算法设计，还能实现可编程片上系统设计。基于查找表工艺的 FPGA 在掉电后会丢失数据，需要外加专用的配置 Flash 芯片。上电时，FPGA 在 Flash 芯片中读入数据，配置完成后，FPGA 进入工作状态。用户可根据不同的配置模式，采用不同的编程方式。FPGA 有以下 4 种配置模式。

（1）并行模式：并行 PROM、Flash 配置 FPGA。

（2）主从模式：一片 PROM 配置多片 FPGA。

（3）串行模式：串行 PROM 配置 FPGA。

（4）外设模式：将 FPGA 作为微处理器的外设，由微处理器对其编程。

CPLD 和 FPGA 都属于高密度可编程逻辑器件，器件门数（容量）等级从几千门至几万门、几十万门至几百万门，甚至几千万门以上不等，适合各种组合、时序逻辑电路的应用场合。由于 CPLD 和 FPGA 结构上的差异，也各具特点，但使用硬件描述语言进行电路设计和使用 EDA 工具进行仿真时没有区别，不同之处在于芯片编程或生成的适配文件略有不同。由于 FPGA 的集成度比 CPLD 更高，更适合复杂数字信号处理算法和可编程片上系统设计，考虑到后续课程的实验需求，本书以 FPGA 为例，介绍数字电路的设计与实现。

1.1.3　FPGA 开发流程

现今流行的 FPGA 厂商主要有 Xilinx 公司（2022 年被 AMD 公司收购）、Altera 公司（2015 年被 Intel 公司收购）及 Lattice 公司。Xilinx 和 Altera 公司占据了市场 90%的份额，其中 Xilinx 公司的产品占据了超过 50%的市场。但在亚太市场，特别是在高校 EDA 教学中普遍采用 Altera 公司的 FPGA 器件和集成开发环境。本书采用 Altera 公司的 Cyclone IV 系列 FPGA 和 Quartus Prime 环境完成实验设计。

FPGA 开发流程如图 1-1 所示，采用自顶向下的设计方法，首先进行系统功能设计，然后通过 VHDL/Verilog HDL 硬件描述语言进行 RTL（Register Transfer Level，寄存器传输）级 HDL 设计或以原理图输入方式设计，接着进行 RTL 级仿真、综合优化、功能仿真、布局布线和时序仿真等步骤，最后生成下载配置文件，下载到 FPGA 器件中进行板级调试。

（1）系统功能设计。在设计系统之前，首先要进行方案论证、系统设计和 FPGA 芯片选型等准备工作。通常采用自顶向下的设计方法，先把系统分成若干个基本模块，然后把每个基本模块细分。

（2）Quartus Prime 环境下的数字系统设计一般有基于原理图的电路图绘制输入和基于寄存器传输级 RTL 的 HDL 文本输入两种设计方式。

① RTL 级 HDL 设计。RTL 级 HDL 设计是指不关注寄存器和组合逻辑的细节（如使用了多少个逻辑门、逻辑门的连接拓扑结构等），通过描述数据在寄存器之间的流动和如何处理、控制这些数据流动的模型的 HDL 设计方法。RTL 级比门级更抽象，也更简单高效。RTL 级的最大特点是可以直接用综合工具将其综合为门级网表，其中 RTL 级设计直接决定系统的功能和效率。

② 原理图设计。原理图设计允许用户使用 FPGA 开发环境提供的元件库或用户自定义的元件，以绘制电路图的输入方式完成数字电路或数字系统设计。该输入方式与 Multisim 电路设计方式接近，设计方法易于掌握，但原理图设计方法不具备标准化，不同 EDA 软件中的图形工具编辑方式各异，互不兼容。另外，原理图设计方法无法实现真正意义上的自顶向下的设计，不能建立行为模型，不属于真正的 EDA 技术范畴。

（3）RTL 级仿真。RTL 级仿真也称为功能（行为）仿真或综合前仿真，指在编译之前对用户所设计的电路进行逻辑功能验证，此时的仿真没有延迟信息，仅对初步的功能进行检测。仿真前，要先利用波形编辑器和 HDL 等建立波形文件和测试向量（将所关心的输入信号组合成序列），仿真结果将会生成报告文件和输出信号波形，从中观察各个节点信号的变化。虽然仿真不是必需步骤，却是系统设计中最关键的一步。为了提高功能仿真的效率，需要建立测试平台 testbench，其测试激励通常使用行为级 HDL 语言描述。

（4）综合优化。综合是将较高级抽象层次的描述转化成较低层次的描述。综合优化根据目标与要求优化所生成的逻辑连接，使层次设计平面化，供 FPGA 布局布线软件进行实现。从目前的层次来看，综合优化是指将设计输入编译成由与门、或门、非门、RAM、触发器等基本逻辑单元组成的门级网表，而并非真实的门级电路。真实具体的门级电路需要利用 FPGA 制造商的布局布线功能，根据综合后生成的标准门级网表来产生。

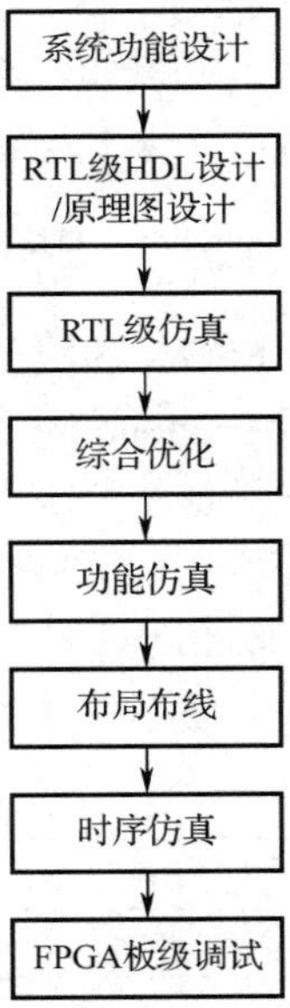

（5）功能仿真。功能仿真也称为综合后仿真，用于检查综合结果是否和原设计功能一致。在仿真时，把综合生成的标准延时文件反标注到综合仿真模型中，可估计门延时带来的影响。但该步骤不能估计线延时，因此和布线后的实际情况还有一定的差距，并不十分准确。目前的综合工具较为成熟，对于一般的设计可以省略这步，但如果在布局布线后发现电路结构和设计意图不符，则需要回溯到综合后仿真来确认问题所在。

（6）布局布线。布局布线是指将综合生成的门级网表配置到具体的 FPGA 芯片上，将工程的逻辑和时序与器件的可用资源匹配。布局布线是最重要的过程，布局将门级网表中的硬件原语和底层单元合理地配置到芯片内部的固有硬件结构上，并且往往需要在速度最优和面积最优之间做出选择。布线根据布局的拓扑结构，利用芯片内部的各种连线资源，合理正确地连接各个元件。也可以简单地将布局布线理解为对 FPGA 内部查找表和寄存器资源的合理配置，布局可以被理解为挑选可实现设计网表的最优资源组合，布线就是将这些查找表和寄存器资源以最优的方式连接

图 1-1　FPGA 开发流程

起来。FPGA 的结构非常复杂，特别是在有时序约束条件时，需要利用时序驱动的引擎进行布局布线。布线结束后，软件工具会自动生成报告，提供有关设计中各部分资源的使用情况。

（7）时序仿真。时序仿真是指将布局布线的延时信息反标注到设计网表中来检测有无时序违规（不满足时序约束条件或芯片固有的时序规则，如建立时间、保持时间等）现象。时序仿真包含的延时信息最全，也最精确，能较好地反映芯片的实际工作情况。由于不同芯片的内部延时不同，不同的布局布线方案也给延时带来不同的影响。因此在布局布线后，对系统和各个模块进行时序仿真，分析时序关系，估计系统性能，以及检查和消除竞争冒险是非常有必要的。

（8）FPGA 板级调试。完成时序功能仿真后，按照选定的 FPGA 器件型号，分别为设计文件中的输入、输出端口分配引脚，经再次编译、综合、布局布线后，在 Quartus Prime 的 JTAG（Joint Test Action Group，联合测试工作组）测试模式下，使用 USB-Blaster 将编程数据文件（*.out）写入 FPGA 器件，完成数字电路设计，然后在线对 FPGA 实现的各项电路功能进行测试验证。使用 JTAG 模式配置的电路，FPGA 在供电状态下才能正常工作，一旦掉电，编程数据就会丢失。如果需要将编程数据固化至 FPGA 外部非易失存储器中，通常采用 Quartus Prime 的 AS（Active Serial，主动串行）模式对 FPGA 进行数据烧写。

1.2　数字系统设计的硬件平台

本书以 LY-EP4CM 型 FPGA 高级开发系统为开发平台，对数字电路的 FPGA 设计与实现进行介绍。该系统主要针对"硬件描述语言及数字系统设计"、"数字电路与数字系统设计"和"EDA 技术"等课程实验，搭载了丰富的模块。基于 FPGA 高级开发系统可以完成 EDA 技术基础实验、数字电路的 FPGA 设计与实现等。除此之外，FPGA 高级开发系统还可以与人体生理参数监测系统搭配完成医疗电子仪器相关课程的实验内容。

1.2.1　EP4CE15F23C8N 器件

FPGA 高级开发系统采用的 EP4CE15F23C8N 器件（芯片）是 Altera 公司的低成本、低功耗 Cyclone IV 系列 FPGA，它建立在成熟的 60nm 低功耗工艺之上，只需要两路电源供电，简化了电源分配网络，降低了电路板成本，减小了电路板面积，缩短了设计时间，与之前的产品相比，可将总功率降低 25%。Cyclone IV 系列 FPGA 架构包括多达 11.5 万个垂直排列的 LE、4Mbit 的嵌入式存储器［按 9kbit（M9K）块排列］及 266 个 18×18 嵌入式乘法器。FPGA 高级开发系统使用的 Altera 公司的 EP4CE15F23C8N 的相关属性如表 1-1 所示。

表 1-1　EP4CE15F23C8N 的相关属性

属　　性	参　数　值	属　　性	参　数　值
封装类型	FBGA	嵌入式存储器	504kbit
引脚数量	484 个	嵌入式 18×18 乘法器	56 个
I/O 数量	343 个	通用 PLL	4 个
速度等级	−8	全局时钟网络	20 个
逻辑单元	15408 个		

1.2.2　Cyclone IV 系列 FPGA 配置

Cyclone IV 系列 FPGA 可将配置数据（程序）保存在片内 SRAM 存储器中，未压缩配置文件的数据大小在 360KB～4.7MB 之间，具体取决于设备大小和用户设计实现选项。SRAM 具有易失性，因此 FPGA 上电时必须重新载入配置数据。通过将 nCONFIG 引脚拉至低电平，也可以随时重新加载。

Cyclone IV 系列 FPGA 能从外部非易失性存储设备加载配置数据，当然也可以由智能设备（例如微处理器、DSP 处理器、微控制器、PC 等）加载配置数据到 FPGA 配置区域中，甚至还可以从互联网中远程载入配置数据。

Cyclone IV 系列 FPGA 都有 JTAG 配置模式；除此之外，从 FPGA 配置时所处的主从位置上划分有主动配置模式和被动配置模式；从 FPGA 配置时每个配置时钟周期所传输的配置数据位宽上又划分有串行配置模式（1 bit）和并行配置模式（8/16 bit）。因此，Cyclone IV 系列 FPGA 单独的配置模式经排列组合后有主动串行（AS）、主动并行（Active Parallel，AP）、被动串行（Passive Serial，PS）、快速被动并行（Fast Passive Parallel，FPP）和 JTAG 共 5 种。

根据需要可选择一种或多种配置模式，但是每次配置 FPGA 时只能使用一种配置模式，不可同时使用多种配置模式。其中，AS 和 PS 模式主要将烧录程序下载到配置芯片中（一次烧录后，断电后代码不会消失）；JTAG 模式是配置优先级最高、最常用、最简单的一种配置模式，既能将代码下载到 FPGA 中直接在线运行（速度快、调试时优选），也能通过 FPGA 将烧录程序下载到配置芯片中。同时，JTAG 的选择和配置模式与选择引脚 MSEL[3:0]所设置的电平值无关，其他配置模式则必须通过设置引脚 MSEL[3:0]的电平值来确定。表 1-2 给出配置电压标准在 3.3V、POR 延迟为快速时各模式的 MSEL[3:0]电平值，其中，FPGA 高级开发系统使用的配置模式为主动串行模式。具体可以参考本书配套资料包中的 "09.硬件资料\Volume 1：Chapter 8. Cyclone IV 器件的配置和远程系统更新" 文件。

表 1-2　Cyclone IV 系列 FPGA 配置模式

配 置 模 式	MSEL[3:0]	配 置 模 式	MSEL[3:0]
主动串行（AS）	1101	快速被动并行（FPP）	1110
主动并行（AP）	0101	JTAG	XXXX（优先于其他模式）
被动串行（PS）	1100		

1.2.3　FPGA 高级开发系统的硬件资源

FPGA 高级开发系统搭载的资源非常丰富，包括 LED、七段数码管、音频、以太网、矩阵键盘、A/D、D/A、SD 卡、NL668 通信、USB 转串口、蓝牙及 Wi-Fi 等，可以开展诸多 FPGA 相关实验。其中，数字电路的 FPGA 设计与实现涉及的硬件模块主要有拨动开关、LED、独立按键、七段数码管、A/D 和 D/A 转换电路等，下面分别对这些硬件模块电路进行介绍。

1. 拨动开关电路

拨动开关电路在数字电路实验中主要用于二进制编码输入的控制，拨动开关电路如图 1-2 所示。以拨动开关 SW_0 的电路为例，SW_0 的公共端（2 号引脚）经限流电阻后连接到 SW0 网络，当 SW_0 上拨时，公共端与 3 号引脚的 KEY_+3V3 相连，SW0 输出为高电平，同时，SW0 又与 EP4CE15F23C8N 芯片的 W7 引脚相连，即 W7 引脚输入为 1；反之，当 SW_0 下拨时，公共端与 1 号引脚的 GND 相连，W7 引脚输入为 0，从而实现了数字电路 0/1 的编码输入控制。

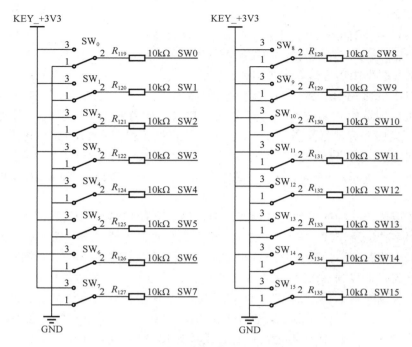

图 1-2　拨动开关电路

FPGA 高级开发系统搭载了 16 个拨动开关电路供数字电路实验使用，可以支持 16 位二进制编码输入控制，丰富了实验内容和可操作性。其中，16 个拨动开关的网络名与芯片引脚的分配关系（简称引脚约束）如表 1-3 所示。

表 1-3　拨动开关引脚约束

网　络　名	芯片引脚	网　络　名	芯片引脚
SW0	W7	SW8	U11
SW1	Y8	SW9	Y10
SW2	W10	SW10	V9
SW3	V11	SW11	W8
SW4	U12	SW12	Y13
SW5	R12	SW13	AB12
SW6	T12	SW14	AB11
SW7	T11	SW15	AA11

2. LED 电路

LED 电路在数字电路实验中用于二进制编码输出显示，LED 电路如图 1-3 所示。以 LED_0 的电路为例，LED_0 的负极与 GND 相连，正极经过一个限流电阻后连接到 LED0 网络，而 LED0 网络又与 EP4CE15F23C8N 芯片的 Y4 引脚相连，因此，当 Y4 引脚输出为 1 时，LED0 网络输入一个高电平，LED_0 便会被点亮；反之，当 Y4 引脚输出为 0 时，LED_0 则会熄灭，从而利用 LED 实现了数字电路 0/1 的编码输出显示。

　　FPGA 高级开发系统搭载了 8 个 LED 电路供数字电路实验使用，可以支持 8 位二进制编码输出显示，同时，8 个 LED 选用了红、黄、绿、白 4 种不同的颜色，增加了实验的趣味性。8 个 LED 的颜色、网络名及与芯片引脚的分配关系如表 1-4 所示。

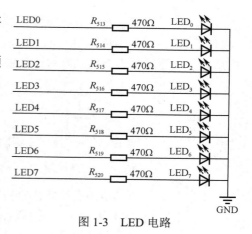

图 1-3　LED 电路

3. 独立按键电路

　　独立按键电路在数字电路实验中的主要作用是作为系统按键，在本书的 A/D 和 D/A 转换实验中主要用于波形设置。独立按键电路如图 1-4 所示。以 KEY_1 的电路为例，该电路包含一个独立按键 KEY_1，与 KEY_1 串联的 10kΩ 限流电阻 R_{102}、与 KEY_1 并联的 100nF 滤波电容 C_{107}。

表 1-4　LED 引脚约束

网络名及颜色	芯片引脚	网络名及颜色	芯片引脚
LED0（红）	Y4	LED4（红）	P4
LED1（黄）	W6	LED5（黄）	T3
LED2（绿）	U7	LED6（绿）	M4
LED3（白）	V4	LED7（白）	N5

　　EP4CE15F23C8N 芯片的 V5 引脚与 KEY1 网络相连，当 KEY_1 未按下时，KEY1 网络与高电平相连，V5 引脚为高电平；当 KEY_1 按下时，KEY1 网络与 GND 相连，V5 引脚为低电平，由此便可以通过读取 V5 引脚的电平来判断按键是否按下。

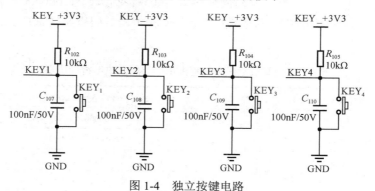

图 1-4　独立按键电路

　　FPGA 高级开发系统搭载了 4 个独立按键电路供数字电路实验使用，可以支持 4 种不同功能的系统按键输入。4 个独立按键的网络名与芯片引脚的分配关系如表 1-5 所示。

表 1-5　独立按键引脚约束

网　络　名	芯片引脚	网　络　名	芯片引脚
KEY1	V5	KEY3	V3
KEY2	Y6	KEY4	Y3

4．七段数码管电路

七段数码管显示器由组成 8 字形状的 7 个 LED，加上小数点，共 8 个 LED 构成（如图 1-5 所示），分别由字母 a、b、c、d、e、f、g、dp 表示。当 LED 被施加电压后，相应的段即被点亮，从而显示出不同的字符，如图 1-6 所示。

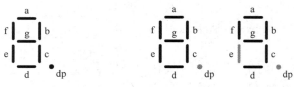

图 1-5　七段数码管示意图　　　图 1-6　七段数码管显示样例

七段数码管内部电路有两种连接方式：① 所有 LED 的阳极连接在一起，并与电源正极（VCC）相连，称为共阳极，如图 1-7（a）所示；② 所有 LED 的阴极连接在一起，并与电源负极（GND）相连，称为共阴极，如图 1-7（b）所示。

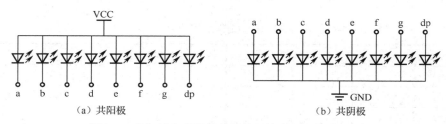

（a）共阳极　　　　　　　　　　（b）共阴极

图 1-7　共阳极和共阴极七段数码管内部电路示意图

七段数码管常用来显示数字和简单字符，如 0、1、2、3、4、5、6、7、8、9、A、b、C、d、E、F。对于共阳极七段数码管，当 dp 和 g 引脚连接高电平、其他引脚连接低电平时，显示数字 0。如果将 dp、g、f、e、d、c、b、a 引脚按照从高位到低位组成 1 字节，且规定引脚为高电平对应逻辑 1，引脚为低电平对应逻辑 0，则二进制编码 11000000（0xC0）对应数字 0，二进制编码 11111001（0xF9）对应数字 1。共阳极七段数码管常用数字和简单字符译码表如表 1-6 所示。

表 1-6　共阳极七段数码管常用数字和简单字符译码表

序　　号	8 位输出（dpgfedcba）	显 示 字 符	序　　号	8 位输出（dpgfedcba）	显 示 字 符
0	11000000（0xC0）	0	8	10000000（0x80）	8
1	11111001（0xF9）	1	9	10010000（0x90）	9
2	10100100（0xA4）	2	10	10001000（0x88）	A
3	10110000（0xB0）	3	11	10000011（0x83）	b
4	10011001（0x99）	4	12	11000110（0xC6）	C
5	10010010（0x92）	5	13	10100001（0xA1）	d
6	10000010（0x82）	6	14	10000110（0x86）	E
7	11111000（0xF8）	7	15	10001110（0x8E）	F

FPGA 高级开发系统选用的是 4 位一体共阳极七段数码管，可以支持 4 个数字或简单字符的显示，4 位七段数码管引脚图如图 1-8 所示。其中，a、b、c、d、e、f、g、dp 为数据引脚，1、2、3、4 为位选引脚。4 位七段数码管引脚描述如表 1-7 所示。

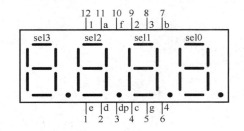

图 1-8　4 位七段数码管引脚图

表 1-7　4 位七段数码管引脚描述

引 脚 编 号	引 脚 名 称	描　　述
1	e	e 段数据引脚
2	d	d 段数据引脚
3	dp	dp 段数据引脚
4	c	c 段数据引脚
5	g	g 段数据引脚
6	4	左起 4 号七段数码管（sel0）位选引脚
7	b	b 段数据引脚
8	3	左起 3 号七段数码管（sel1）位选引脚
9	2	左起 2 号七段数码管（sel2）位选引脚
10	f	f 段数据引脚
11	a	a 段数据引脚
12	1	左起 1 号七段数码管（sel3）位选引脚

　　4 位共阳极七段数码管内部电路示意图如图 1-9 所示，其中，sel3、sel2、sel1、sel0 为 4 位数码管的位选信号，sel3 与第 1 位数码管的所有 LED 正极相连，引出作为 sel3 的位选引脚；sel2 与第 2 位数码管的所有 LED 正极相连，引出作为 sel2 的位选引脚；以此类推，引出 sel1 和 sel0 的位选引脚。4 个数码管的 a 段对应的 LED 的负极相连，引出作为 a 段数据引脚；4 个数码管的 b 段对应的 LED 的负极相连，引出作为 b 段数据引脚；以此类推，引出 c、d、e、f、g、h、dp 段数据引脚。

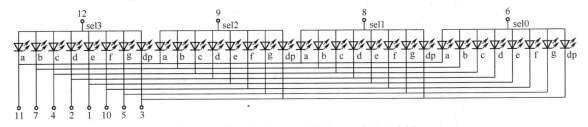

图 1-9　4 位共阳极七段数码管内部电路示意图

　　七段数码管显示器在数字电路中用作数字或简单字符的显示，该电路如图 1-10 所示。以七段数码管 U_{502} 的电路为例，U_{502} 是一个 4 位共阳极七段数码管，通过 12 个引脚可以控制数码管每一位的点亮与熄灭，其中，引脚 6、8、9、12 为位选引脚，分别用于控制 SEL0～SEL3 中的哪一个数码管点亮，其余 8 个数据引脚则用于控制数码管的哪一段被点亮，这 12 个引脚

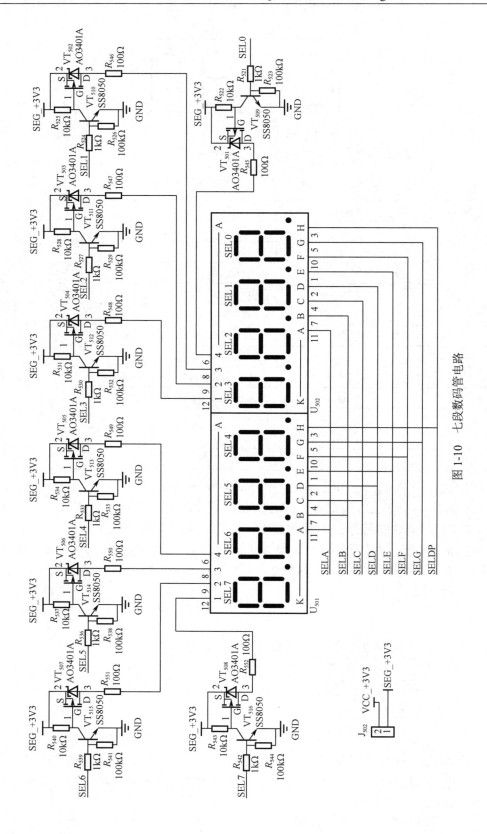

图 1-10　七段数码管电路

均由 EP4CE15F23C8N 芯片控制。下面通过对数码管 SEL0 的点亮与熄灭，简单介绍七段数码管电路的显示原理。

U$_{502}$ 的 6 号引脚经晶体管驱动电路后连接到 SEL0 网络，而 SEL0 又与 EP4CE15F23C8N 芯片的 R19 引脚相连，当 R19 引脚输出高电平时，三极管 VT$_{509}$ 导通，MOS 管 VT$_{501}$ 的 1 号引脚（G 极）为低电平，因此 VT$_{501}$ 也导通，U$_{502}$ 的 6 号引脚输入高电平，SEL0 位选引脚使能，此时只要控制 SELA～SELDP 网络输出电平的高低，就可以实现数码管 SEL0 相应段的熄灭与点亮（低电平为点亮，高电平为熄灭）；反之，当 R19 引脚输出低电平时，SEL0 位选引脚失能，无论 SELA～SELDP 输出何种电平，数码管 SEL0 都为熄灭状态。

此外，七段数码管显示器电路还有一个 2P 的排针 J$_{502}$，该排针分别与系统电源 VCC_+3V3 和数码管供电电源 SEG_+3V3 连接。因此，当插上跳线帽时，VCC_+3V3 会与 SEG_+3V3 连上，七段数码管显示器电路才有电源供应，否则，无论 SELA～SELDP 和 SEL0～SEL7 输出何种电平，七段数码管都会处于熄灭状态。

FPGA 高级开发系统搭载了 2 个 4 位七段数码管显示器供数字电路实验使用，可以支持 8 位数字或简单字符的显示，极大地丰富了显示内容和趣味性。其中，控制位选引脚的 SEL0～SEL7 网络及控制数据引脚的 SELA～SELDP 网络与芯片引脚的分配关系如表 1-8 所示。

表 1-8　七段数码管引脚约束

网　络　名	芯片引脚	网　络　名	芯片引脚
SEL0	R19	SELA	N18
SEL1	R20	SELB	J4
SEL2	P17	SELC	M7
SEL3	P20	SELD	K7
SEL4	N19	SELE	L7
SEL5	N20	SELF	N17
SEL6	M19	SELG	G3
SEL7	M20	SELDP	M5

5. D/A 转换电路

D/A 转换电路在数字电路实验中用于将并行的二进制数字量转换为幅度值连续变化的电压或电流信号，FPGA 高级开发系统搭载了以 AD9708 芯片为核心的 D/A 转换电路。AD9708 芯片属于 TxDAC 系列高性能、低功耗 CMOS 数模转换器（DAC）的 8 位分辨率产品，其最大采样率（也称数据转换速率）为 125Ma/s（Million Samples Per Second，每秒采样百万次）。AD9708 具有灵活的单电源工作电压范围（2.7V～5.5V），它还是一款电流输出 DAC，标称满量程输出电流为 20mA，输出阻抗大于 100kΩ，可提供差分电流输出，以支持单端或差分应用。

AD9708 芯片引脚排列如图 1-11 所示。AD9708 芯片引脚描述如表 1-9 所示，该芯片共有 28 个引脚。

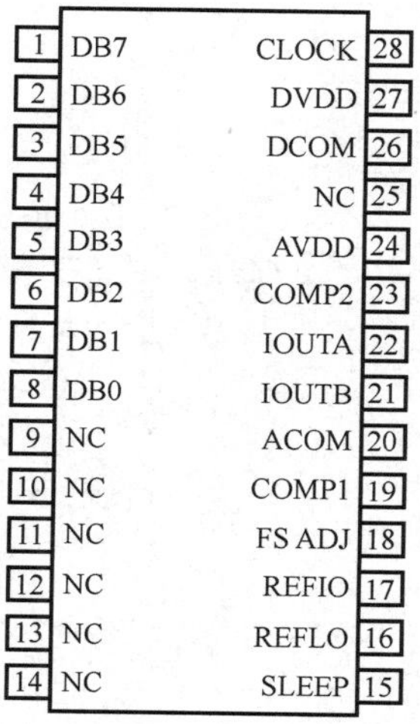

1	DB7	CLOCK	28
2	DB6	DVDD	27
3	DB5	DCOM	26
4	DB4	NC	25
5	DB3	AVDD	24
6	DB2	COMP2	23
7	DB1	IOUTA	22
8	DB0	IOUTB	21
9	NC	ACOM	20
10	NC	COMP1	19
11	NC	FS ADJ	18
12	NC	REFIO	17
13	NC	REFLO	16
14	NC	SLEEP	15

图 1-11　AD9708 芯片引脚排列

表 1-9　AD9708 芯片引脚描述

引 脚 编 号	引 脚 名 称	描　　述
1～8	DB7～DB0	8 位数字量输入端,其中 DB0 为最低位,DB7 为最高位
9～14、25	NC	空脚
15	SLEEP	掉电控制输入端,不使用时不需要连接,悬空即可
16	REFLO	当使用内部 1.2V 参考电压时,该引脚接地即可
17	REFIO	当使用内部 1.2V 参考电压输入时,连接地即可;当用作 1.2V 基准电压输出时,该引脚连接 100nF 电容到地即可激活内部基准电压
18	FS ADJ	满量程电流输出调节引脚,由基准控制放大器调节,可通过外部电阻 R_{SET} 从 2mA 调至 20mA
19	COMP1	带宽/降噪节点,连接 100nF 电容到电源可以获得最佳性能
20	ACOM	模拟公共地
21	IOUTB	DAC 电流输出 B 端
22	IOUTA	DAC 电流输出 A 端
23	COMP2	开关驱动电路的内部偏置节点,连接 100nF 电容到地
24	AVDD	模拟电源端
26	DCOM	数字公共地
27	DVDD	数字电源端
28	CLOCK	时钟输入,数据在时钟的上升沿锁存

　　AD9708 的内部功能框图如图 1-12 所示,AD9708 在时钟(CLOCK)的驱动下工作,内部集成了+1.2V 参考电压(+1.2V REF)、运算放大器、电流源(CURRENT SOURCE ARRAY)和锁存器(LATCHES)。两个电流输出端 IOUTA 和 IOUTB 为一对差分电流,当输入数据为 0(DB7～DB0=00000000)时,IOUTA 的输出电流为 0,而 IOUTB 的输出电流达到最大值,最大值的大小与参考电压有关;当输入数据全为高电平(DB7～DB0=11111111)时,IOUTA 的输出电流达到最大值,最大值的大小与参考电压有关,而 IOUTB 的输出电流为 0。

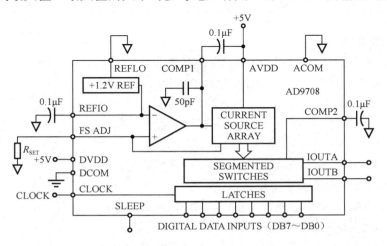

图 1-12　AD9708 的内部功能框图

　　AD9708 的时序图如图 1-13 所示。AD9708 的大多数引脚都与具体硬件电路设计有关,与 FPGA 之间的接口只有一条时钟线 CLOCK 与一组数据总线 DB0~DB7。DB0~DB7 和 CLOCK 是 AD9708 的 8 位输入数据和输入时钟，在每个时钟周期，AD9708 都会完成一次输出，因此时钟频率也是 AD9708 的采样频率。IOUTA 和 IOUTB 为 AD9708 输出的电流信号，由时序图可知，AD9708 在每个输入 CLOCK 的上升沿读取数据总线 DB0~DB7 的数据，将其转换为相应的电流 IOUTA 或 IOUTB 输出。需要注意的是，CLOCK 的时钟频率越高，AD9708 的 A/D 转换速度越快，AD9708 的时钟频率最高为 125MHz。IOUTA 和 IOUTB 为 AD9708 输出的一对差分电流信号，通过外部低通滤波器电路与运放电路转换为模拟电压信号输出，电压范围为-5V~+5V。当输入数据等于 0 时，AD9708 输出的电压值为+5V；当输入数据等于 255 时，AD9708 输出的电压值为-5V。

AD9708 内部没有集成 DDS（Direct Digital Synthesizer，直接数字式频率合成器）的功能，但是可以通过控制 AD9708 的输入数据，使其模拟 DDS 的功能。例如，使用 AD9708 输出一个正弦波模拟电压信号，只需要将 AD9708 的输入数据按照正弦波的波形变化即可。

AD9708 的输入数据和输出电压值按照正弦波变化，其波形图如图 1-14 所示。数据在 0~255 之间按照正弦波的波形变化，最终得到的电压也会按照正弦波波形变化，当输入数据重复按照正弦波的波形数据变化时，AD9708 就可以持续不断地输出正弦波的模拟电压波形。注意，最终得到 AD9708 的输出电压变化范围是由外部电路决定的，当输入数据为 0 时，AD9708 输出+5V 的电压；当输入数据为 255 时，AD9708 输出-5V 的电压。由此可以看出，只要控制输入数据，就可以输出任意波形的模拟电压信号，包括正弦波、方波、锯齿波、三角波等。

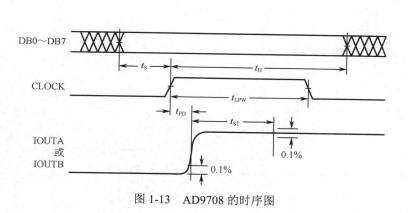

图 1-13　AD9708 的时序图

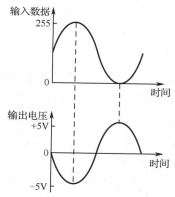

图 1-14　AD9708 的输入数据
和输出电压值的波形图

FPGA 高级开发系统的 D/A 转换电路原理图如图 1-15 所示，FPGA 芯片 EP4CE15F23C8N 通过 DA_DB7~DA_DB0 及 DA_CLK 网络连接到 AD9708 的 8 位输入数据引脚 DB7~DB0 和时钟引脚 CLOCK，FPGA 输出 8 位的并行数字信号经输入数据引脚 DB7~DB0 将数字信号输入 AD9708 中，转换为与输入 8 位数据成比例的差分电流从 AD9708 的 IOUTA 和 IOUTB 引脚输出；为了防止噪声干扰，在转换电路中接入低通滤波器，在滤波器后连接了 2 个高性能 145MHz 带宽的运放 AD8065，将电流信号转换为电压信号，并实现电压信号幅值调节的功能，幅值调节使用 5kΩ 的电位器，最终的输出范围是-5V~+5V（10Vpp）。

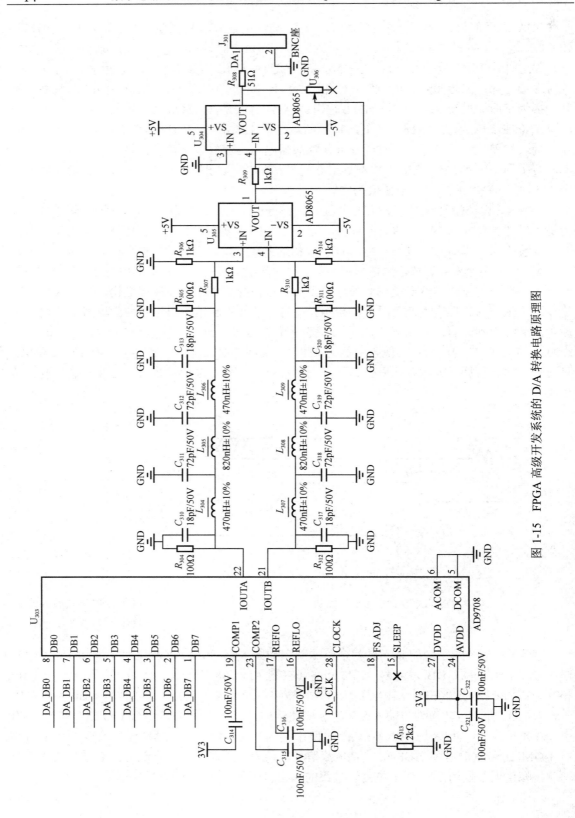

图 1-15　FPGA 高级开发系统的 D/A 转换电路原理图

　　D/A 转换电路中的时钟网络 DA_CLK、输入数据网络 DA_DB0～DA_DB7 与 FPGA 引脚的分配关系如表 1-10 所示。

表 1-10　D/A 转换引脚约束

网　络　名	芯 片 引 脚	网　络　名	芯 片 引 脚
DA_CLK	F22	DA_DB4	D22
DA_DB0	F19	DA_DB5	F21
DA_DB1	D19	DA_DB6	E22
DA_DB2	D20	DA_DB7	H21
DA_DB3	E21		

6．A/D 转换电路

　　A/D 转换电路在数字电路实验中用于将连续变化的模拟信号转换为离散的并行二进制数字信号，FPGA 高级开发系统搭载了以 AD9280 芯片为核心的 A/D 转换电路。AD9280 是 ADI 公司生产的一款高性能、低功耗 8 位模数转换器，转换速率高达 32Ma/s。

　　AD9280 芯片引脚排列如图 1-16 所示。AD9280 芯片引脚描述如表 1-11 所示，该芯片共有 28 个引脚。

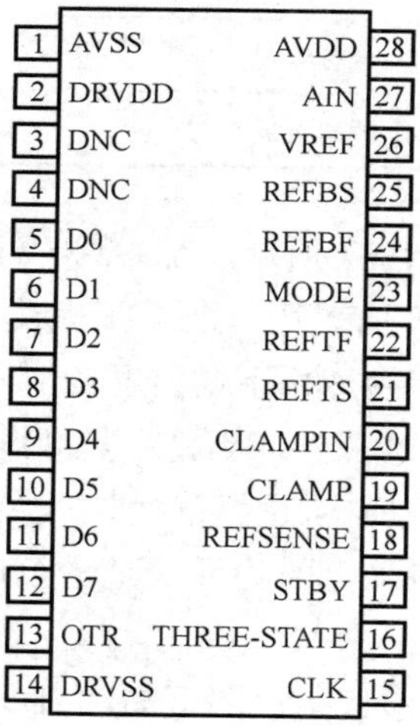

图 1-16　AD9280 芯片引脚排列

表 1-11　AD9280 芯片引脚描述

引 脚 编 号	引 脚 名 称	描　　述
1	AVSS	模拟地
2	DRVDD	数字驱动电源
3、4	DNC	空脚
5～12	D0～D7	8 路数字信号输出

续表

引 脚 编 号	引 脚 名 称	描　　　述
13	OTR	超出范围指示器
14	DRVSS	数字地
15	CLK	时钟输入
16	THREE-STATE	该引脚接电源为高阻抗状态，接地为正常操作，接地即可
17	STBY	该引脚接电源为断电模式，接地为正常操作，接地即可
18	REFSENSE	参考选择，接地即可
19	CLAMP	该引脚接电源为启用钳位模式，接地为无钳位，接地即可
20	CLAMPIN	钳位基准输入，接地即可
21	REFTS	顶部参考
22	REFTF	顶部参考去耦
23	MODE	模式选择，接电源
24	REFBF	底部参考去耦
25	REFBS	底部参考
26	VREF	内部参考电压输出
27	AIN	模拟输入
28	AVDD	模拟电源

　　AD9280 的内部功能框图如图 1-17 所示，AD9280 在时钟（CLK）的驱动下工作，用于控制所有内部转换的周期；AD9280 内置片内采样保持放大器（SHA），同时采用多级差分流水线架构，保证了 32Ma/s 的数据转换速率下全温度范围内无失码；AD9280 内部集成了可编程的基准源，根据系统需要也可以选择外部高精度基准满足系统的要求。AD9280 输出的数据以二进制格式表示，当输入的模拟电压超出量程时，会拉高 OTR 信号；当输入的模拟电压在量程范围内时，OTR 信号为低电平，因此可以通过 OTR 信号来判断输入的模拟电压是否在测量范围内。

　　AD9280 的时序图如图 1-18 所示。由该图可知，AD9280 在每个输入 CLK 的上升沿对输入的模拟信号做一次采样，采样转换结果由数据总线 DATA 输出，每个时钟周期 AD9280 都会完成一次采样数据转换。但是，采样的模拟信号转换成数字信号并不是当前周期就能转换完成的，从模拟信号采样开始到输出转换数据需要经过 3 个时钟周期。如图 1-18 所示，在时钟 CLK 上升沿采样的模拟电压信号 S_1，经过 3 个时钟周期后（实际再加上 25ns 的延时），输出转换后的数据 DATA1。注意，AD9280 的最大数据转换速率是 32Ma/s，即输入的时钟最大频率为 32MHz。

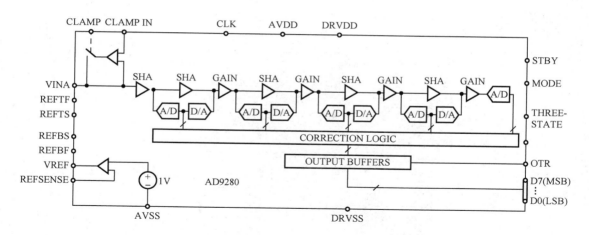

图 1-17　AD9280 的内部功能框图

　　AD9280 支持输入的模拟电压范围是 0V～2V，0V 对应输出的数字信号为 0，2V 对应输出的数字信号为 255。AD9708 经外部电路后，输出的电压范围是-5V～+5V，因此在 AD9280 的模拟输入端增加电压衰减电路，使-5V～+5V 的电压转换成 0V～2V。实际上对于用户来说，当 AD9280 的模拟输入端连接-5V 电压时，转换输出的数据为 0；当 AD9280 的模拟输入端连接+5V 电压时，转换输出的数据为 255。当 AD9280 模拟输入端接-5V～+5V 变化的正弦波电压信号时，其转换后的数据也是成正弦波波形变化的，如图 1-19 所示。

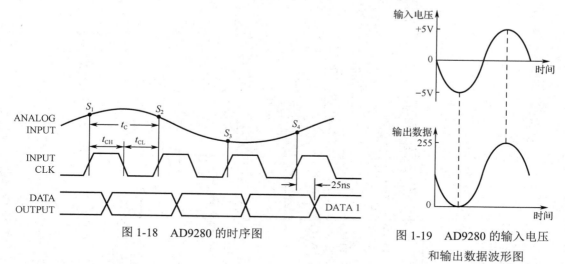

图 1-18　AD9280 的时序图

图 1-19　AD9280 的输入电压
和输出数据波形图

　　FPGA 高级开发系统的 A/D 转换电路原理图如图 1-20 所示，FPGA 芯片 EP4CE15F23C8N 通过 AD_D7～AD_D0 及 AD_CLK 网络连接 AD9280 的 8 位输出数据引脚 D7～D0 和时钟引脚 CLK，在模拟信号进入 AD9280 之前，经过了 AD8065 构建的衰减电路，衰减后输入范围满足 AD9280 的输入范围（0V～2V），衰减后的模拟信号经 AD9280 转换得到 8 位并行数字信号，由输出数据引脚 D7～D0 并行输出至 FPGA。

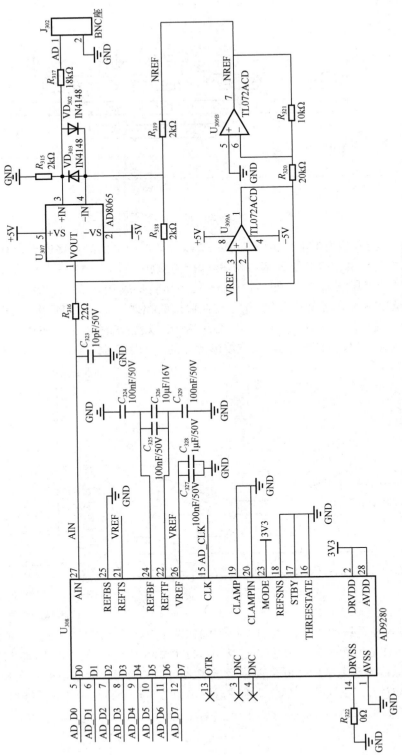

图 1-20　FPGA 高级开发系统的 A/D 转换电路原理图

8 位 A/D 转换电路中的时钟网络 AD_CLK、输出数据网络 AD_D0～AD_D7 与 FPGA 芯片引脚的分配关系如表 1-12 所示。

表 1-12　A/D 转换引脚约束

网　络　名	芯 片 引 脚	网　络　名	芯 片 引 脚
AD_CLK	L16	AD_D4	H19
AD_D0	G17	AD_D5	K19
AD_D1	G18	AD_D6	J18
AD_D2	F20	AD_D7	L15
AD_D3	H20		

1.3　数字系统设计的软件平台

Quartus Prime 是 Intel 公司收购 Altera 公司后，为 Intel 可编程逻辑器件 CPLD/FPGA 开发推出的新版 EDA 工具，它集成了设计输入、逻辑综合、引脚分配、布局布线、时序仿真、器件编程等 FPGA 开发工具，是 Altera 公司 EDA 开发工具 Quartus Ⅱ 的更新版，其软件界面和使用方法与 Quartus Ⅱ 没有差别。本书的所有例程均基于 Quartus Prime 20.1，建议读者选择相同版本的开发环境来学习。

1.3.1　Quartus Prime 的主要特点

Quartus Prime 支持原理图、VHDL、Verilog HDL 及 AHDL（Altera Hardware Description Language）等多种设计输入形式，内嵌自有的综合器以及仿真器，可以完成从设计输入到硬件配置的完整 PLD 设计流程。

Quartus Prime 的主要特点如下：

（1）Quartus Prime 可以在 Windows、Linux 及 UNIX 上使用，除可以使用 Tcl 脚本完成设计流程外，还提供了完善的用户图形界面设计方式。它具有运行速度快、界面统一、功能集中、易学易用等特点。

（2）Quartus Prime 通过和 DSP Builder 工具与 MATLAB/Simulink 相结合，可以方便地实现各种 DSP 应用系统；支持 Altera 公司的片上可编程系统（SOPC）开发，集系统级设计、嵌入式软件开发、可编程逻辑设计于一体，是一种综合性开发平台。

（3）Quartus Prime 支持 Altera 公司的 IP 核，包含了 LPM/MegaFunction 宏功能模块库，使用户可以充分利用成熟的模块，简化了设计的复杂性、加快了设计速度。对第三方 EDA 工具的良好支持也让用户可以在设计流程的各个阶段使用熟悉的第三方 EDA 工具。

1.3.2　Quartus Prime 20.1 的安装步骤

Quartus Prime 软件提供 3 个版本，即专业版、标准版和精简版，并以当年年份的后两位作为软件的主版本号，每年推出的两个版本，分别用 0 和 1 进行区分，主版本号小数点后为 0 表示当年上半年推出；1 则表示下半年推出。例如，下面要安装的 Quartus Prime 20.1 是 2020 年下半年推出的软件，其中 Quartus Prime Lite 为精简版，可免费使用，不需要 License。

解压本书配套资料包"02.相关软件\QuartusLite_20.1.1"文件夹下的 QuartusLite_ 20.1.1.zip，解压出来的文件共有三个，双击运行其中的 QuartusLiteSetup-20.1.1.720-windows.exe，在安装的过程中会自动安装 ModelSimSetup-20.1.1.720-windows.exe 和 cyclone-20.1.1.720.qdz，不需要额外的操作。在弹出的如图 1-21 所示的对话框中，单击 Next 按钮。

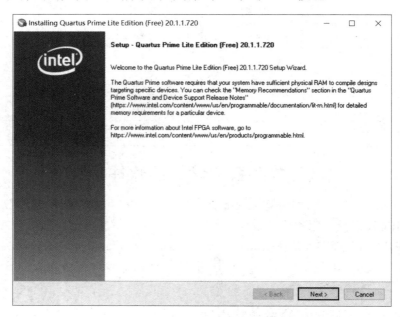

图 1-21   Quartus Prime 20.1 安装步骤 1

在弹出的如图 1-22 所示的对话框中，先选中 I accept the agreement 单选钮，然后单击 Next 按钮。

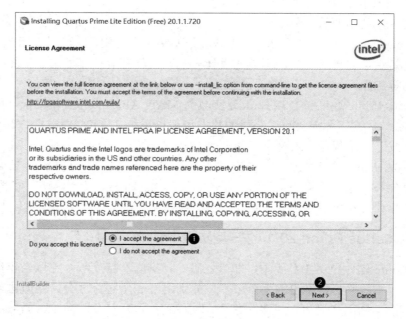

图 1-22   Quartus Prime 20.1 安装步骤 2

如图 1-23 所示，选择安装路径，本书选择安装在默认路径"C:\intelFPGA_lite\20.1"，也可以安装在其他路径，但是路径中不能存在空格、中文及特殊字符，然后单击 Next 按钮。

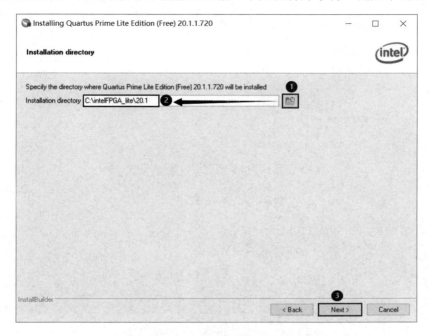

图 1-23　Quartus Prime 20.1 安装步骤 3

在如图 1-24 所示的对话框中保持默认设置，即选择安装免费版的 ModelSim 工具，然后单击 Next 按钮。

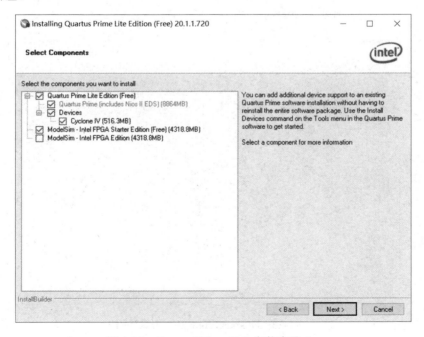

图 1-24　Quartus Prime 20.1 安装步骤 4

在如图 1-25 所示的对话框中确认安装信息，信息有误可单击 Back 按钮返回修改设置，接着单击 Next 按钮进入软件安装对话框。

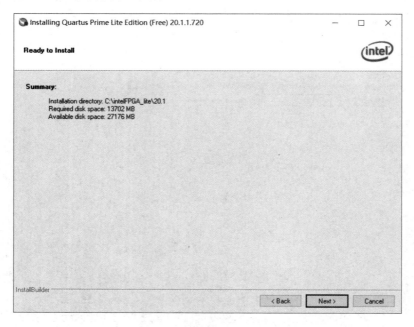

图 1-25   Quartus Prime 20.1 安装步骤 5

软件安装对话框如图 1-26 所示，安装时间较长，需要耐心等待一段时间。在安装过程中会弹出如图 1-27 所示的对话框进行 ModelSim 的安装。

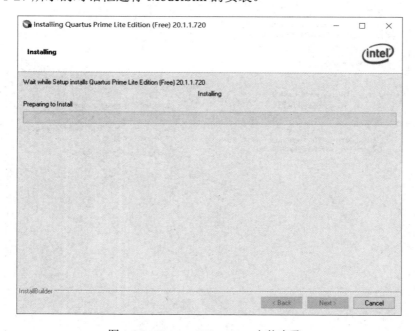

图 1-26   Quartus Prime 20.1 安装步骤 6

图 1-27　Quartus Prime 20.1 安装步骤 7

安装完成后的对话框如图 1-28 所示，直接单击 Finish 按钮。

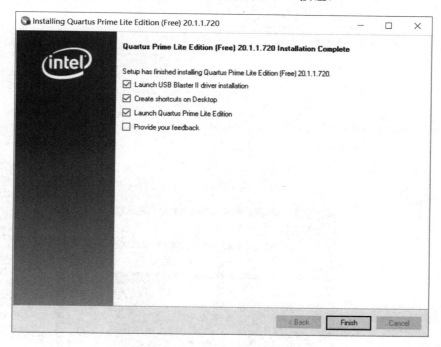

图 1-28　Quartus Prime 20.1 安装步骤 8

在弹出的如图 1-29 所示的对话框中，单击"下一步"按钮完成 USB Blaster 驱动程序的安装。如果安装失败，则可以取消该步，后面还会对设备驱动程序的安装进行详细介绍。

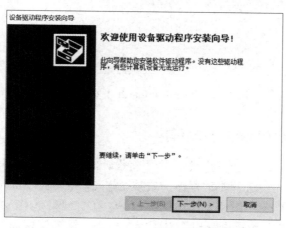

图 1-29　Quartus Prime 20.1 安装步骤 9

完成安装后会自动打开 Quartus Prime 20.1，首次打开会弹出如图 1-30 所示的对话框，选中 Run the Quartus Prime software 单选钮，然后单击 OK 按钮运行软件。

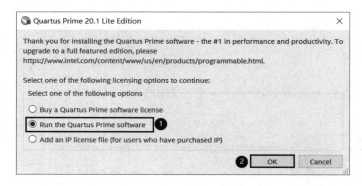

图 1-30　Quartus Prime 20.1 安装步骤 10

Quartus Prime 20.1 打开后的主界面如图 1-31 所示。

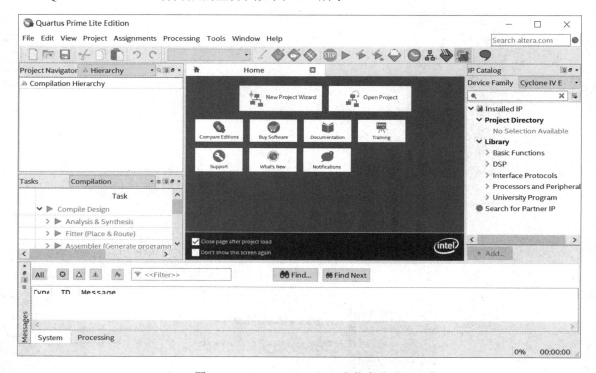

图 1-31　Quartus Prime 20.1 安装步骤 11

1.3.3　安装 USB Blaster 驱动程序

USB Blaster 是 FPGA 下载器的一种，用于将设计综合的代码烧写至 FPGA 器件中，在使用 FPGA 下载器之前，先要进行驱动程序的安装。首先，将 USB Blaster 下载器连接到计算机的 USB 接口，在"此电脑"图标上单击鼠标右键，在右键菜单中选择"管理（G）"选项，然后在如图 1-32 所示的"计算机管理"界面中，单击"设备管理器"→"其他设备"，右键单击 USB-Blaster，在右键菜单中选择"更新驱动程序（P）"。

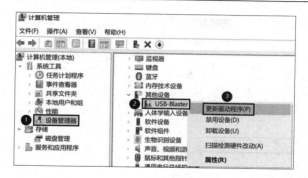

图 1-32　安装 USB Blaster 驱动程序步骤 1

在弹出的如图 1-33 所示的对话框中，单击"浏览我的计算机以查找驱动程序软件（R）"。

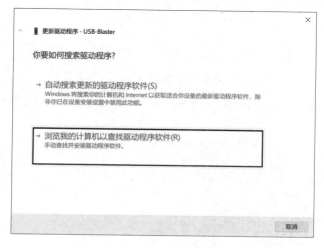

图 1-33　安装 USB Blaster 驱动程序步骤 2

在弹出的如图 1-34 所示的对话框中，选择 Quartus Prime 20.1 安装路径下的驱动程序文件夹 usb-blaster，勾选"包括子文件夹"复选框，单击"下一步"按钮。

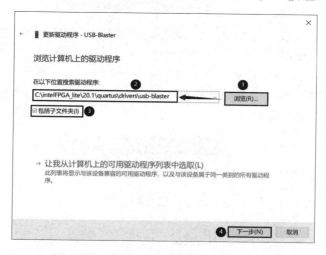

图 1-34　安装 USB Blaster 驱动程序步骤 3

稍等片刻，完成驱动程序的安装，如图 1-35 所示。

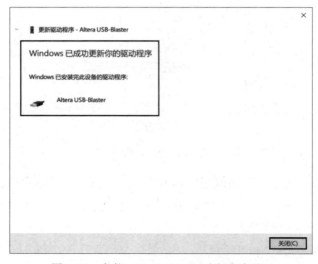

图 1-35　安装 USB Blaster 驱动程序步骤 4

如图 1-36 所示，在"通用串行总线控制器"下可以看到 Altera USB-Blaster，说明驱动程序安装成功。

图 1-36　安装 USB Blaster 驱动程序步骤 5

如果驱动程序安装失败，并提示"试图将驱动程序添加到存储区时遇到问题"，则可通过如下方式解决。首先，使用 Win+R 组合键打开"运行"窗口；然后，在"运行"窗口中输入命令 shutdown.exe /r /o /f /t 00。注意，使用这个命令会进入启动设置界面进行重启，因此，在运行该命令前，为避免造成数据丢失，应先将计算机中正在运行的程序或文件保存，然后单击"确定"按钮进行重启，如图 1-37 所示。

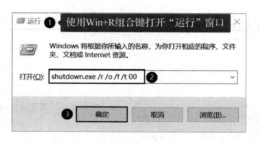

图 1-37　驱动程序安装失败解决步骤 1

计算机重启并进入如图 1-38 所示的界面，单击"疑难解答"。

图 1-38　驱动程序安装失败解决步骤 2

在如图 1-39 所示的"疑难解答"界面中，单击"高级选项"。

图 1-39　驱动程序安装失败解决步骤 3

在如图 1-40 所示的"高级选项"界面中，单击"启动设置"。

图 1-40　驱动程序安装失败解决步骤 4

在如图 1-41 所示的"重启设置"界面中，单击"重启"按钮。

图 1-41   驱动程序安装失败解决步骤 5

计算机进行重启，在重启过程中会进入如图 1-42 所示的"启动设置"界面，按下键盘上的数字键 7 或 F7 键选择第 7 项"禁用驱动程序强制签名"，然后计算机会继续重启。

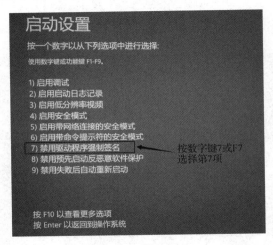

图 1-42   驱动程序安装失败解决步骤 6

待计算机重启成功后，重新将 USB Blaster 下载器插在计算机上，参考之前的步骤进行 USB Blaster 驱动程序的安装。在完成图 1-34 中的步骤进行下一步时，系统会弹出如图 1-43 所示的对话框，单击"始终安装此驱动程序软件(I)"即可完成驱动程序的安装。

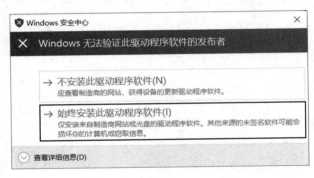

图 1-43   驱动程序安装失败解决步骤 7

1.3.4　配置 ModelSim

前面在安装 Quartus Prime 20.1 的同时也安装了一个简化版的 ModelSim，但因为在 Quartus Prime 20.1 软件里没有自动配置好路径等信息，所以需要手动进行配置。

如图 1-44 所示，在 Quartus Prime 20.1 主界面的菜单栏中单击 Tools→Options。

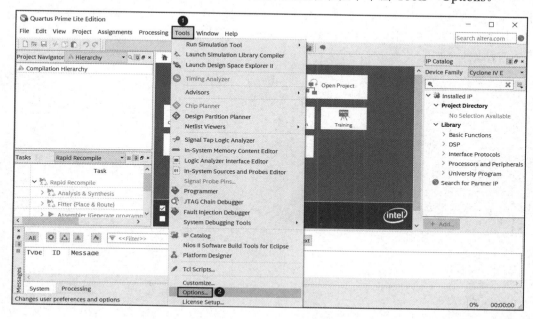

图 1-44　配置 ModelSim 步骤 1

在弹出的如图 1-45 所示的对话框中，先选择 EDA Tool Options 标签，然后在 ModelSim-Altera 框中选择 ModelSim 路径，即 modelsim.exe 所在的文件夹，默认安装路径为 "C:\intelFPGA_lite\ 20.1\modelsim_ase\win32aloem"，最后单击 OK 按钮完成 ModelSim 配置。

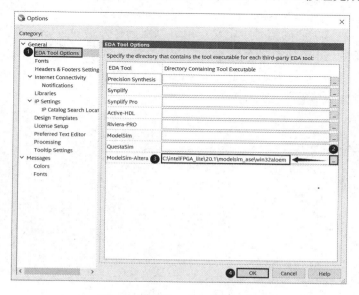

图 1-45　配置 ModelSim 步骤 2

1.4　Verilog HDL 语法基础

1.4.1　Verilog HDL 模块

Verilog HDL 是被 IEEE 认定的国际标准硬件描述语言，模块（module）是 Verilog HDL 描述数字电路的基本单元，它可以表示一个简单的门电路，也可以表示功能复杂的电路或系统。每个模块（电路）的描述均以关键词 module 开始，以 endmodule 结束（后面不用加分号），模块的语法结构如下：

```
module 模块名(
//端口列表
  input  （输入）  信号类型（wire）      端口名,
  output （输出）  信号类型（wire/reg）  端口名,
  inout  （双向）  信号类型（wire）      端口名
); //端口定义

  //内部变量及参数声明;
  wire, reg, function, task, parameter, define 等

  //功能定义（模块功能实现）
  数据流描述: assign
  结构化描述: 门级描述或 module 例化
  行为级描述: initial, always

endmodule
```

module 描述逻辑电路又称建模。一个典型的 Verilog HDL 模块一般由端口定义、内部变量及参数声明、功能定义三部分组成。关键词 module 后面是用户命名的模块名，用于唯一标识该模块。模块名后面的括号中给出该模块的端口名，端口名之间用逗号隔开。端口的类型有 input（输入）、output（输出）或 inout（双向）三种。所有的端口名都必须明确声明端口类型。信号类型默认为 wire（线网）型时，关键词 wire 可省略。一般将端口类型、信号类型和端口名合并在模块名后面的括号中定义，也可以在括号外单独定义端口类型和信号类型。

例如，某实验的 led 模块有 3 个外部端口：两个输入端口（clk_50mhz_i 和 rst_n_i）和一个 4 位的输出端口（led_o），信号类型均为 wire 型。该模块的端口定义有两种方式，其中的 wire 可省略（位宽不可省略），分别如下：

```
①
module led(
    input  wire       clk_50mhz_i, //时钟输入, 50MHz
    input  wire       rst_n_i,     //复位输入, 低电平有效
    output wire [3:0] led_o        //led 输出, 共 4 位
);

②
module led(clk_50mhz_i, rst_n_i, led_o);
    input  wire       clk_50mhz_i; //时钟输入, 50MHz
    input  wire       rst_n_i;     //复位输入, 低电平有效
    output wire [3:0] led_o ;      //led 输出, 共 4 位
```

内部变量及参数声明是可选语句，用于定义电路描述所需的信号变量、常量、参数等。Verilog HDL 根据实际电路的不同抽象等级，有数据流描述、结构描述和行为描述三种不同的描述方法，用于模块功能的定义与实现。

1.4.2　标识符定义

标识符是用户为模块、端口或信号变量命名的名称，如 1.4.1 节示例中的模块名 led，端口名 clk_50mhz_i，rst_n_i 和 led_o，此外，内部信号名也是标识符的一种。标识符是一组由字母、数字和下画线组成的字符串，并且必须以字母或下画线开头，不能以数字或其他特殊符号开头。在 Verilog HDL 中，标识符对大小写敏感，也就是说大小写不同的标识符被视为不同的名称。因此，一般建议遵循一定的命名规范，尽量使标识符表达清晰、简洁、易于理解的含义。此外，Verilog HDL 中定义的关键词，如 not、input、output、wire 等不能被用作标识符使用。虽然对 Verilog HDL 的标识符长度没有明确限制，但过长的标识符可能会降低程序的可读性和可维护性，因此应该适度控制标识符长度。

1.4.3　逻辑值集合

Verilog HDL 使用 4 种逻辑值 0、1、X（或 x）和 Z（或 z）表示数字电路中信号的逻辑状态，0 表示逻辑低电平，1 表示逻辑高电平，X 表示未知或不确定的电平，Z 表示高阻态，X 和 Z 不区分大小写。需要注意的是，当信号处于 X 状态时，通常意味着该信号的值是未知或无效的。因此，在设计数字电路时，应尽量避免信号出现 X 状态，以确保电路的正确性和可靠性。

1.4.4　常量

Verilog HDL 中有 4 种类型常量：整数型常量、实数型常量、字符串型常量和参数型常量。

1. 整数型常量

在程序运行过程中，值不能被改变的量称为常量。在 Verilog HDL 中，整数型常量有 4 种表示形式：二进制整数（b 或 B）、八进制整数（o 或 O）、十进制整数（d 或 D）、十六进制整数（h 或 H）。它们的语法结构如下：

```
<符号><位宽>'<进制><数字>
```

其中，符号为"+"时表示正数，符号项必须省略；位宽和进制是可选项。位宽是指该数据以二进制位计算时的数据长度，当省略位宽项时，表示采用默认位宽（由具体的计算机系统决定，至少为 32 位）；当省略进制项时，表示采用默认的十进制表示方式；数值则是基于该进制项时的数值，当数为 x、z 及十六进制中的 a 到 f 时，不区分大小写。示例如下：

```
4'b1010        //位宽为 4 的二进制数 1010
4'o7           //位宽为 4 的八进制数 7
12'd99         //位宽为 12 的十进制数 99
8'h4F          //位宽为 8 的十六进制数 4F
-8'd5          //位宽为 8 的十进制数-5（5 的 8 位二进制补数）
```

为提高程序的可读性，可用下画线分隔开位数较多的常数，但不可以用在位宽和进制处，只能用在具体的数字之间。此外，还可以采用 x 和 z 来表示不定值与高阻值，示例如下：

```
26'd49_999_999          //位宽为 26 的十进制数 49999999
4'b11x0                 //位宽为 4 的二进制数从低位数起第 2 位为不定值
4'b101z                 //位宽为 4 的二进制数从低位数起第 1 位为高阻值
10'dz                   //位宽为 10 的十进制数，其值为高阻值
8'h4x                   //位宽为 8 的十六进制数，其低 4 位值为不定值
```

2．实数型常量

实数型常量采用十进制数法或者科学计数法表示，这种类型用于存储非整数，即有小数部分的数字。实数型常量是不可综合的类型，通常只在 Verilog HDL 的测试文件中使用。实数型变量用关键字 real 来声明，声明时不能带有范围，默认值为 0。如果将一个实数型常量或变量赋值给一个整数型变量，则该实数值会采用四舍五入的方式将整数部分赋值给整数型变量。实例如下：

```
4.5                     //十进制数法表示 4.5，赋值给整数型变量时为 5
3.8e-2                  //科学计数法表示 0.038，赋值给整数型变量时为 0

real    s_r = 4.49;     //声明一个实数型变量 s_r，值为 4.49，赋值给整数型变量时为 4
```

3．字符串型常量

一个字符串（string）型常量是由英文双引号括起来并包含在一行中的字符序列，不能分成多行进行书写。在表达式和赋值中，用作操作数的字符被视为由 8 位 ASCII 值表示的无符号整数常量，每个 8 位 ASCII 值表示一个字符。示例如下：

```
"C";                    //字符 C
"character string";     //字符串 character string
```

当字符串作为变量时，是 wire/reg 类型的变量，其宽度等于字符串中的字符数乘以 8，示例如下：

```
wire [8*14:1] stringvar;                //定义了一个 14 个 ASCII 值的 wire 变量

assign stringvar = "Hello world!";      //字符串
```

4．参数型常量

为提高程序的可读性和可维护性，在 Verilog HDL 中，通常使用关键词 parameter 来定义参数型常量，即用 parameter 来定义一个标识符代表一个常量，称为符号常量。语法结构如下：

```
parameter 参数名 = 表达式;
```

其中，表达式中只能包含已经定义的参数或者常量数字。例如，在某个实验中共有 4 个 LED，且高电平时点亮 LED，那么可以定义一个常量 LED0_ON，值为二进制数 0001，即点亮 LED0，完成参数定义之后，后面需要点亮 LED0，只需要将该参数赋值给输出即可。同时，如果 LED 点亮电平条件发生变化，也只需要修改 parameter 定义处的值，极大提高了程序的可读性和可维护性。

```
parameter LED0_ON = 4'b0001;    //点亮 LED0
```

1.4.5　数据类型

Verilog HDL 主要有两种数据类型：一是 wire 型，二是 reg（寄存器）型。

1. wire 型

wire 型数据常用来表示以 assign 关键字指定的组合逻辑信号。使用 wire 定义的变量，主要用于结构化器件之间物理连接建模，不存储逻辑值，必须由器件驱动，通常由 assign 进行赋值。当一个 wire 型信号没有被驱动时，默认值为 z（高阻）。wire 型数据定义的格式如下：

```
wire              信号名;    //定义一个 1 位的 wire 型数据
wire [width-1:0]  信号名;    //定义一个位宽为 width 的 wire 型数据
```

例如，定义 wire 型的 1Hz 时钟信号和位宽为 2 位的计数信号。

```
wire      s_clk_1hz;       //1Hz 时钟信号
wire [1:0] s_cnt;          //2 位的计数信号
```

2. reg 型

寄存器是数据存储单元的抽象，寄存器数据类型的关键字为 reg。通过赋值语句可以改变寄存器存储的值，其作用相当于改变触发器存储的值，可用于对存储单元如 D 触发器、ROM 的描述。

注意，reg 型数据常用来表示 always 块中的指定信号，常代表寄存器或触发器的输出，在 always 语句中进行描述的变量必须声明为 reg 型。

reg 型数据的定义方式和 wire 型数据的定义方式相同，格式如下：

```
reg               信号名;    //定义一个 1 位的 wire 型数据
reg [width-1:0]   信号名;    //定义一个位宽为 width 的 wire 型数据
```

例如，定义 reg 型的 1Hz 时钟信号和位宽为 2 位的计数信号。

```
reg      s_clk_1hz;        //1Hz 时钟信号
reg [1:0] s_cnt;           //2 位的计数信号
```

1.4.6　运算符

1. 算术运算符

算术运算符用来执行算术运算操作。算术运算符如表 1-13 所示。

表 1-13　算术运算符

算术运算符	描　　述	算术运算符	描　　述
+	加，A+B	/	除，A/B，结果只取整数部分
−	减，A−B	%	模除（求余），A%B
*	乘，A*B		

注意，在进行算术运算操作时，如果某个操作数有不确定的值 x，则整个结果也为不确定值 x。示例如下：

```
Sum = A * 8'b0110_11x0;   //Sum = x
```

2. 关系运算符

关系运算符用来对两个操作数进行比较运算，关系运算符左右两边操作数的数据类型必须相同。Verilog HDL 中常用的关系运算符有 6 种，如表 1-14 所示。

表 1-14　关系运算符

关系运算符	描述（返回结果真/假/未知）	关系运算符	描述（返回结果真/假/未知）
==	等于，A==B	>	大于，A>B
! =	不等于，A! =B	<=	小于或等于，A<=B
<	小于，A<B	>=	大于或等于，A>=B

在进行关系运算操作时，如果操作数长度不同，则长度较短的操作数在左方填 0 补齐。此外，如果是在逻辑相等与不等的比较中，只要一个操作数含有 x 或 z，则比较结果为未知（x）。示例如下：

```
32 < 45                //结果为 True（1）
4'b1000 >5'b10010      //等价于 5'b01000 >5'b10010，不等式不成立，返回结果为 False（0）
52 < 8'hxF             //结果为未知（x）
```

3. 赋值运算符

赋值运算符用来给参数和信号赋值。赋值运算符如表 1-15 所示。

表 1-15　赋值运算符

赋值运算符	描　　述
=	阻塞赋值，用于对参数赋值、赋初始值和在 assign 语句中赋值，常用于组合逻辑电路对信号进行赋值
<=	非阻塞赋值，常用于时序逻辑电路对信号进行赋值，常用于以 always 定义的块语句中

在 always 块中，两种赋值方式均可使用，但两者赋值的生效方式有所区别，阻塞赋值在赋值语句结束后便立即完成赋值，而非阻塞赋值则必须等到这个 always 块结束后才会完成赋值。

下面举例说明赋值运算符的使用方法：

```
reg a = 1'd0;
reg b = 1'd1;
reg d = 1'd0;
reg e = 1'd1;
reg c,f;

assign led_o = 0001;        //在 assign 语句中使用阻塞赋值

always @(posedge clk_i)     //时钟上升沿触发 always
begin
  b =  a;
  c =  b;
  e <= d;
  f <= e;
end      //always 块结束后，b = c = 0，e = 0，f = 1
```

在上述 always 块中，在进行阻塞赋值时，b = a 语句结束后会立即进行赋值，此时 b 值为 0，同样，c 值也为 0；而在进行非阻塞赋值时，因为 e<=d 语句完成赋值是在 always 块结束后，所以执行 f<=e 语句时的 e 值仍然为 1，因此 always 块结束后 f 被赋予的值为原来的 e 值，即 f 值为 1。

4．位运算符

Verilog HDL 作为一种硬件描述语言，是针对硬件电路而言的。在对电路中的信号进行与、或、非时，反映在 Verilog HDL 中则是响应操作数的位运算。Verilog HDL 提供的 5 种位运算符，如表 1-16 所示，其中，当两个长度不同的数据进行按位运算时，系统会自动将两者右端对齐，位数少的操作数会在相应的高位用 0 填满，以使两个操作数按位进行操作。

5．逻辑运算符

逻辑运算符用来执行逻辑运算操作。操作数可以是 reg 和 wire 类型的数据，无论操作数有多少位，运算结果只有 1 位，值为 0 或者 1。Verilog HDL 的逻辑运算符如表 1-17 所示，"&&"和"||"是双目运算符（要求运算符两侧各有一个操作数），其优先级别低于关系运算符，而"!"高于算术运算符。

表 1-16　位运算符

位 运 算 符	描　　述
~	按位非，~A
&	按位与，A&B
		按位或，A|B
^	按位异或，A^B
^~	按位同或，A^~B

表 1-17　逻辑运算符

逻辑运算符	描　　述
!	逻辑非，! A
&&	逻辑与，A&&B
||	逻辑或，A||B

下面举例说明逻辑运算符的优先级：

```
assign y1 = !a && b;    //a 取反后与 b 相与
assign y2 = !(a || b);  //a 和 b 相或的结果取反
```

6．位拼接运算符

位拼接运算符{}用于位的拼接，用于将小表达式合并形成大表达式，用这个运算符可以把两个或多个信号的某些位拼接起来进行运算操作。位拼接运算符的格式为{,,,}，下面举例说明：

```
reg [3:0] x = 4'b1100;
reg [3:0] y = 4'b0010;

assign z1 = {x,y[3],y[2],y[1],y[0]};                    //z1 = 8'b11000100
assign z2 = {1'b1, 1'b1, 1'b0, 1'b0, 1'b0, 1'b0', 1'b1, 1'b0};   //z2 = 8'b11000010
```

7．条件运算符

条件运算符?:能够根据条件表达式的值来选择表达式，它的格式如下：

```
条件表达式 ?  表达式 1 : 表达式 2      //如果条件表达式成立，取表达式 1，否则取表达式 2
```

下面举例说明：

```
assign z = (a > 0) ? x : y;          //如果 a>0，z = x，否则 z = y
```

8．移位运算符

在 Verilog HDL 中有两种移位运算符，如表 1-18 所示，A 代表要进行移位的操作数，n 代表要移几位，这两种移位运算都用 0 来填补移出的空位，例如 5'b11001 右移 2 位后得到 5'b00110。

表 1-18　移位运算符

移位运算符	描　述	移位运算符	描　述
<<	左移，A<<n	>>	右移，A>>n

1.4.7　常用语句

1. assign 语句

assign 语句用在数据流描述中，表示对信号赋值。assign 相当于连线，将一个信号的值不间断地赋值给另一个信号，或将逻辑表达式赋值给信号变量。assign 语句常用于组合逻辑电路的建模中，只能对 wire 型信号变量赋值，assign 赋值语句格式如下：

```
assign wire 型变量 = 表达式;
```

当右边表达式的变量值或运算结果发生变化时，等式右边的值便会被更新赋值给左边的 wire 型变量。例如，将产生的时钟信号 s_clk 赋值给时钟输出 clk_o，赋值语句如下所示：

```
assign clk_o = s_clk;  //clk_o 随 s_clk 的变化而变化
```

2. initial 语句

initial 语句主要用于 Verilog HDL 的测试文件中，用来产生测试环境和设置信号记录，如果在某条语句前面存在延迟#<delay>，那么这条 initial 语句的仿真将会停顿下来，在经过指定时长的延迟之后再继续执行，延迟时长与 timescale 定义的单位有关，一个模块中可以有许多个 initial 块，它们都是并行运行的。initial 语句只执行一次。initial 语句格式如下：

```
initial
begin
  语句 1
  语句 2
  …
  语句 n
end;
```

initial 语句举例如下。

```
`timescale 1 ns/ 1 ps
…
initial
begin
  a = 1'b1;
  #10 b = 1'b0;  //延迟 10ns 后，a 值由 1 变为 0，即高电平信号持续了 10ns
end
```

3. always 语句

Verilog HDL 的 always 语句几乎在所有的时序逻辑设计中都会使用，这种语句可以一直重复执行，只有 reg 型数据能够在这种语句中被赋值，reg 型数据在被赋新值前保持原有值不变。一个模块可以包含多个 always 块，它们都是并行执行的。

其中，"敏感事件列表"用于触发 always 语句的执行。"敏感事件列表"通常由一个或多个事件表达式构成，构成的表达式就是 always 启动的条件，每有一个敏感事件成立，便执行一次 always 语句内的行为。当存在多个事件表达式时，要用关键词 or 将多个触发条件结合起来，也可以用"*"代表所有输入信号，这样可以防止遗漏。always 语句格式如下：

```
always @(敏感事件列表)
begin
  代码部分(详细电路设计)
end;
```

always 语句举例如下，其中的敏感事件 s_cnt 为电平触发条件，只要 s_cnt 的电平值发生改变，就会执行一次 always 内的语句。

```
always @(s_cnt)
begin
  case(s_cnt)
    2'b00  : led_o = LED3_ON;
    2'b01  : led_o = LED2_ON;
    2'b10  : led_o = LED1_ON;
    2'b11  : led_o = LED0_ON;
    default: led_o = LED_OFF;
  endcase
end
```

4．条件控制语句

为提高程序编写灵活性，Verilog HDL 与 C 语言一样，也定义了一些程序控制语句，主要有条件控制语句和循环控制语句。

（1）if...else 语句。

if...else 语句用来判定所给定的条件是否满足，根据判定的结果（真或假）决定执行给出的几种操作之一。if...else 语句是顺序执行语句，不能单独使用，在 always 块语句中才能使用。if...else 语句首先判断表达式 1 的条件是否满足，若满足则执行逻辑电路 1，否则判断表达式 2 的条件是否满足，若满足则执行逻辑电路 2，否则继续判断，依次类推，基本语法如下：

```
if(表达式 1)
begin
  逻辑电路 1
end
else if(表达式 2)
begin
  逻辑电路 2
end
…
else
begin
  逻辑电路 n
end
```

if...else 语句举例如下，当逻辑电路仅有一条语句时，可以省略 begin 和 end 这两个关键字。此处为在时钟上升沿进行加 1 计数，并在计数到最大值 CNT_MAX 后清零重新计数的逻辑电路，如果复位（rst_n_i==0）或计数到最大值（s_cnt>=CNT_MAX），那么计数变量 s_cnt 赋值为 00；否则在时钟上升沿（posedge s_clk_1hz），计数变量 s_cnt 加 1 计数。

```
always @(posedge s_clk_1hz or negedge rst_n_i)   //敏感事件为 s_clk_1hz 的上升沿和 rst_n_i 的下降
沿触发
```

```
begin
  if(rst_n_i == 0)
    s_cnt <= 2'b0;
  else if(s_cnt >= CNT_MAX)
    s_cnt <= 2'b0;
  else
    s_cnt <= s_cnt + 1'b1;
end
```

（2）case 语句。

case 语句是多分支选择语句，也是顺序执行语句，不能单独使用，要在 always 语句中使用。当控制表达式的值与分支表达式的值相等时，case 语句就执行分支表达式后面的逻辑电路语句；如果所有的分支表达式的值都没有与控制表达式的值相匹配，就执行 default 后面的语句，default 项可有可无，一个 case 语句只能有一个 default 项。此外，每个分支表达式的值必须互不相同，否则会出现矛盾；所有表达式值的位宽必须相等。基本语法如下：

```
case(控制表达式)
  分支表达式 1 :
  begin
      逻辑电路 1
  end
  分支表达式 2 :
  begin
      逻辑电路 2
  end
  …
  default :
  begin
      逻辑电路 n
  end
endcase
```

case 语句举例如下，根据 s_cnt 的值，对 led_o 赋对应的值，当逻辑电路仅为一句时可以省略 begin 和 end。

```
always @(s_cnt)
begin
  case(s_cnt)
    2'b00  : led_o = LED3_ON;
    2'b01  : led_o = LED2_ON;
    2'b10  : led_o = LED1_ON;
    2'b11  : led_o = LED0_ON;
    default: led_o = LED_OFF;
  endcase
end
```

5. 循环语句

Verilog HDL 的循环语句有 4 种类型，分别是 while、for、repeat 和 forever。循环语句只能在 always 块或 initial 块中使用，而且只有 for 循环语句和 while 循环语句是可综合的，这里只介绍这两种可综合的循环语句。

（1）for 循环语句。

for 循环语句是 Verilog HDL 中提供的一种非常有用的控制结构，可以根据指定的条件多次执行代码块，从而大大提高了编程效率。for 循环语句可以用来实现以下基本功能：①重复执行特定的语句或者语句块；②在满足特定条件时跳出循环；③根据指定的步长迭代循环变量。

for 循环语句包含三部分：初始条件、循环条件和步长。其中，初始条件是循环执行前被执行一次的语句，用于定义和初始化循环变量，在 for 循环语句中只执行一次。循环条件是循环执行前每次会被检查的条件，只有当条件为真时，循环体才会被执行，否则循环终止。步长是循环执行后每次会被执行的语句，用于改变循环变量的过程赋值语句，通常为增加或减少循环的变量计数。基本语法如下：

```
for(初始条件;循环条件;步长)
begin
  循环体
end
```

for 循环语句举例如下，首先用关键字 integer 定义一个整数型变量 i，然后在 for 循环的初始条件中将 i 初始化为 0。在循环条件中，检查 i 的值是否小于或等于 8，如果是，则继续执行循环体；如果不是，则终止循环。在步长中，我们将 i 的值加 1，以便每次循环变量 i 的值都会增加 1。最后，在循环体中，判断 s_data 的每一位是否为 0，若为 0，则将 s_count 值加 1，以此实现计算 s_data 中数据 0 个数的功能。

注意，i=i+1 不能像 C 语言那样写成 i++的形式，i=i-1 也不能写成 i--的形式。

```
reg [7:0] s_data;
reg [2:0] s_count;
integer i;

always@(s_data)
begin
  s_count = 3'b000;
  for(i = 0;i < 8;i = i + 1)
  begin
    if(s_data[i] == 0)
    begin
      s_count = s_count + 1;
    end
  end
end
```

（2）while 循环语句。

while 循环语句同样用于循环执行一段代码，只要循环条件为真就一直执行。在 while 循环语句中，首先判断循环条件表达式是否为真，若为假，则其后的语句一次也不执行。同时，在 while 循环语句中，必须有一条改变循环执行条件表达式值的语句，类似于 for 循环语句中的步长部分，基本语法如下：

```
while(循环条件)
begin
  循环体
end
```

while 循环语句举例如下，该循环同样也是用于实现计算 s_data 中数据 0 个数的功能。

```
reg [7:0] s_data;
reg [2:0] s_count;
integer i;

always@(s_data)
begin
  s_count = 3'b000;
  i = 0;
  while(i < 8)
  begin
    if(s_data[i] == 0)
    begin
      s_count = s_count + 1;
    end
    i = i + 1
  end
end
```

1.4.8 描述方法

Verilog HDL 的电路功能实现有三种描述方法，下面以二选一数据选择器模块的实现来分别介绍这三种描述方法。二选一数据选择器的逻辑功能表如表 1-19 所示。

根据二选一数据选择器的逻辑功能表，可以得到逻辑表达式为

$$Y = \overline{S}D0 + SD1$$

通过表达式绘制的逻辑电路图如图 1-46 所示，其中的 s_not、and1、and2 为内部信号。

表 1-19　二选一数据选择器的逻辑功能表

输　入	输　　出
S	Y
0	D0
1	D1

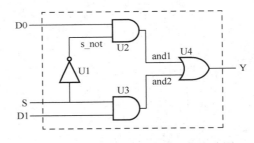

图 1-46　通过表达式绘制的逻辑电路图

1. 数据流描述

数据流描述使用连续赋值语句（由关键词 assign 对信号赋值）对电路的逻辑功能进行描述，该描述方法主要用于组合逻辑电路的实现，描述信号之间的逻辑关系，因此使用前需明确电路的逻辑表达式或条件表达式。采用数据流描述二选一数据选择器的 Verilog HDL 完整代码如程序清单 1-1 所示，其中第 7 行代码为数据流描述。

程序清单 1-1

```
1.  module mux2to1_dataflow (
2.    input  wire D0, D1, //输入数据定义
3.    input  wire S,      //输入选择信号定义
4.    output wire Y       //输出信号定义
5.  );
```

```
6.
7.       assign Y = ((~S) & D0) | (S & D1); //电路逻辑表达式
8.
9.   endmodule
```

　　assign 语句只能对 wire 型信号赋值，当输入信号 S 或 D0、D1 变化时，等式右边表达式结果被重新计算，并将计算结果赋值为左边的 wire 型信号 Y。Verilog HDL 默认的端口信号类型为 wire 型，上例端口定义中的关键词 wire 可省略。

　　2．结构描述

　　在已知逻辑电路的前提下，可以直接用 Verilog HDL 的门级设计原语（基本逻辑门电路）描述电路结构，这种方法称为门级结构描述或门级描述。当电路结构比较复杂时，可以将电路分成多个子模块，再将多个子模块按照层级电路的结构形式对电路进行描述，这种方法称为结构描述。下面使用 Verilog HDL 定义的门级原语，并按照如图 1-46 所示的电路对二选一数据选择器进行建模，模块完整代码如程序清单 1-2 所示，其中第 8 至 11 行代码为门级描述。

程序清单 1-2

```
1.   module mux2to1_gatelevel(
2.     input  D0, D1, S, //输入端口声明
3.     output Y          //输出端口声明
4.   );
5.
6.     wire s_not,and1,and2; //定义内部信号 s_not,and1,and2
7.
8.     not U1(s_not,S);       //调用非门元件，表示逻辑非运算
9.     and U2(and1,s_not,D0); //调用与门元件，表示逻辑与运算
10.    and U3(and2,S,D1);
11.    or  U4(Y,and1,and2);   //调用或门元件，表示逻辑或运算
12.
13.  endmodule
```

　　程序中使用的关键词 not、and、or 为 Verilog HDL 内部定义的门级原语，门级原语后面的元件名（如 U1、U2 等）可以省略，括号内为端口信号，Verilog HDL 规定括号左边第 1 个端口名固定为输出端口，输入端口依次排在后面。例如，and U3(and2, S, D1)语句、and2 为与门的输出端口信号，S 和 D1 为与门的输入端口信号。除了 Verilog HDL 内部定义的门级元件，Verilog HDL 也可以通过结构描述的方式调用自定义 module 元件，对此会在后面的实验中进行介绍。

　　3．行为描述

　　当一个结构功能复杂的逻辑电路使用门级描述或数据流描述既费时又烦琐时，就可以用行为描述（behavioral）来设计电路。行为描述既可以用于组合逻辑电路，也可以用于时序逻辑电路。通常，时序逻辑电路多采用行为描述。行为描述是最抽象的一种描述方法，也称寄存器传输级描述，使用 always 过程语句对电路进行描述。采用行为描述的二选一数据选择器的 Verilog HDL 完整代码如程序清单 1-3 所示，其中第 6 至 12 行代码为行为描述。

程序清单 1-3

```
1.   module mux2to1_behave(
2.     input D0,D1,S, //输入端口声明
```

```
3.     output Y           //输出端口声明
4.   );
5.
6.   always@(S, D0, D1)
7.   begin
8.     if(S == 1)
9.       Y = D1;
10.    else
11.      Y = D0;
12.   end
13.
14. endmodule
```

always 语句是行为描述的标识，它是一条循环语句，符号@后面括号内的信号称为敏感信号，当敏感信号发生变化时，就会触发执行 always 块内的语句。例如，当敏感信号 S、D0、D1 发生变化时，begin 和 end 之间的 if 语句会被执行。

1.5　基于 FPGA 高级开发系统可开展的部分实验

基于本书配套的 FPGA 高级开发系统，可以开展的实验非常丰富，这里仅列出具有代表性的 14 个实验，如表 1-20 所示。

表 1-20　基于 FPGA 高级开发系统可开展的部分实验清单

序　　号	实 验 名 称	序　　号	实 验 名 称
1	集成逻辑门电路功能测试	8	数据选择器设计
2	基于原理图的简易数字系统设计	9	触发器设计
3	基于 HDL 的简易数字系统设计	10	同步时序逻辑电路分析与设计
4	编码器设计	11	异步时序逻辑电路分析与设计
5	译码器设计	12	计数器设计
6	加法器设计	13	移位寄存器设计
7	比较器设计	14	数模和模数转换实验

与这 14 个实验相配套的资料包名称为"数字电路的 FPGA 设计与实现——基于 Quartus Prime 和 Verilog HDL"（可通过微信公众号"卓越工程师培养系列"提供的链接获取），为了保持与本书实验步骤的一致性，建议将资料包复制到计算机的 D 盘。

第 2 章　集成逻辑门电路功能测试

数字集成电路产品的种类很多，按照集成逻辑门所采用的不同有源器件，可将其分为两大类：双极型集成电路和单极型集成电路。其中，双极型集成电路以双极晶体管（使用电子和空穴两种载流子）作为主要器件，又可细分为晶体管-晶体管逻辑（Transistor-Transistor Logic，TTL）、射极耦合逻辑（Emitter Coupled Logic，ECL）和集成注入逻辑（Integrated Injection Logic，I^2L）等具体类型；单极型集成电路以单极晶体管（使用电子或空穴一种载流子），特别是金属-氧化物-半导体（Metal-Oxide-Semiconductor，MOS）场效应晶体管作为主要器件，包括 NMOS、PMOS 和 CMOS 等几种类型。其中，TTL 和 CMOS 是两种最常用的数字集成电路，其性能参数主要包括直流电源电压、输入/输出逻辑电平、扇出系数、传输时延和功耗等。

与传统使用 74 系列数字集成电路（如 74LS00、74LS08 等芯片）实现的数字系统不同，本书主要基于 FPGA 构建数字系统，因此，本实验只涉及数字集成电路的输入/输出逻辑电平性能参数，读者可以通过查阅其他数字电路理论教材了解其他性能参数。最常用的数字集成电路包括 TTL 和 CMOS 两种，因此，本实验选用型号为 SN74LS00D（简称 7400）的 TTL 芯片和型号为 CD4011BM96（简称 4011）的 CMOS 芯片。这两款芯片均为 4 路 2 输入与非门，选用其中的一个与非门，并将该与非门的一个输入端接高电平，通过调节另一个输入端的电平从 0V 开始逐步增加，记录该与非门对应的输出电平，并绘制输入/输出逻辑电平曲线，最终了解 TTL 和 CMOS 数字集成电路的输入/输出逻辑电平性能参数。

2.1　预 备 知 识

（1）数字集成电路产品的种类。
（2）TTL 门电路和 CMOS 门电路的定义与种类。
（3）数字集成电路的性能参数（直流电源电压、输入/输出逻辑电平、扇出系数、传输时延、功耗等）。
（4）7400 数字集成电路（4 路 2 输入与非门）引脚排列和逻辑功能。
（5）4011 数字集成电路（4 路 2 输入与非门）引脚排列和逻辑功能。

2.2　实 验 内 容

本实验基于 7400 和 4011 数字集成电路，二者均是 4 路 2 输入与非门，其引脚排列和逻辑图如图 2-1 所示。

数字集成电路有 4 个不同的输入/输出逻辑电平参数：① 低电平输入电压上限值 $U_{IL(max)}$；② 高电平输入电压下限值 $U_{IH(min)}$；③ 低电平输出电压最大值 $U_{OL(max)}$；④ 高电平输出电压最小值 $U_{OH(min)}$。当输入电平在 $U_{IL(max)}$ 和 $U_{IH(min)}$ 之间时，逻辑电路既可能把它当作 0，也可能把它当作 1，而当逻辑电路因所接负载过多等原因不能正常工作时，高电平输出可能低于 $U_{OH(min)}$，低电平输出可能高于 $U_{OL(max)}$。数字集成电路的输入/输出逻辑电平如图 2-2 所示。

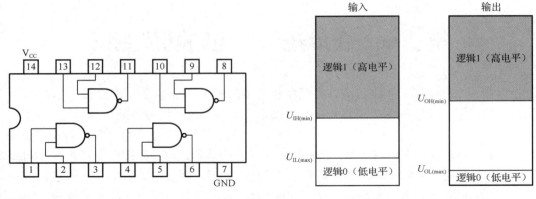

图 2-1　4 路 2 输入与非门引脚排列和逻辑图　　　图 2-2　数字集成电路的输入/输出逻辑电平

通常，标准 TTL 电路的直流电源电压为 5V，当其电源电压在 4.5V～5.5V 范围内时能正常工作。CMOS 电路的直流电源电压范围为 3V～18V，常用的直流电源电压有 3.3V 和 5V 两种：① 3.3V 的 CMOS 电路，当其电源电压在 2V～3.6V 范围内时能正常工作；② 5V 的 CMOS 电路，当其电源电压在 2V～6V 范围内时能正常工作。

标准 TTL 和不同电平 CMOS 与非门的输入/输出逻辑电平性能参数如表 2-1 所示。

表 2-1　标准 TTL 和不同电平 CMOS 与非门的输入/输出逻辑电平性能参数

参 数 名 称	单 位	标准 TTL	3.3V CMOS	5V CMOS
$U_{IL(max)}$	V	0.8	0.8	1.5
$U_{IH(min)}$	V	2.0	2.0	3.5
$U_{OL(max)}$	V	0.4	0.2	0.1
$U_{OH(min)}$	V	2.4	3.1	4.9

FPGA 高级开发系统上的 TTL 与非门芯片型号为 SN74LS00D。如图 2-3 所示为 TTL 输入/输出逻辑电平曲线测试电路，SN74LS00D 芯片的 1 号引脚连接到 5V 电源；2 号引脚连接到可调电阻的滑动片，调节可调电阻即可实现 2 号引脚在 0V～5V 范围内变化；3 号引脚为 TTL 与非门的输出端；14 号引脚与 5V 电源相连，为标准 TTL 电路提供直流电源电压。测试点 TTL_IN 和 TTL_OUT 分别与 2 号引脚和 3 号引脚相连，可通过万用表测量测试点得到 TTL 与非门的输入/输出电压。

CMOS 与非门芯片型号为 CD4011BM96。如图 2-4 所示为 CMOS 输入/输出逻辑电平曲线测试电路，CD4011BM96 芯片的 1 号引脚连接到一个范围在 0V～12V 内的可调电源；2 号引脚连接到可调电阻的滑动片，调节可调电阻即可实现 2 号引脚在 0V 至 1 号引脚电平范围内变化；3 号引脚为 CMOS 与非门的输出端；14 号引脚为电源电压引脚，调节电源电压即可改变 CMOS 与非门的直流电源电压。测试点 SUPPLY_OUT、CMOS_IN 和 CMOS_OUT 分别与 CMOS 与非门的输入/输出引脚相连，可通过万用表测量测试点得到 CMOS 与非门的输入/输出电压。本实验需记录不同输入电平对应的输出电平，并绘制输入/输出逻辑电平曲线。

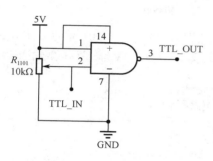

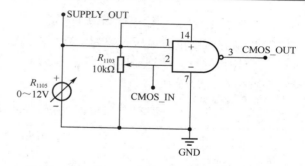

图 2-3　TTL 输入/输出逻辑电平曲线测试电路　　　图 2-4　CMOS 输入/输出逻辑电平曲线测试电路

2.3　实　验　步　骤

步骤 1：TTL 电路功能测试

TTL 输入/输出逻辑电平曲线测试电路如图 2-3 所示，TTL_IN 对应输入电压 U_I，TTL_OUT 对应输出电压 U_O。调节 R_{1101} 使输入电压 U_I 从 0V 开始，按表 2-2 中所列的 U_I 值逐步升高电压，并把对应的 U_O 值记录到表 2-2 中，然后绘制 TTL 输入/输出逻辑电平曲线 $U_O=f(U_I)$。

表 2-2　TTL 输入/输出逻辑电平曲线

SN74LS00D			
序　号	U_I/V	U_O/V	输入/输出逻辑电平曲线
1	0		
2	0.2		
3	0.4		
4	0.7		
5	0.9		
6	1.0		
7	1.1		
8	1.2		
9	1.3		
10	1.4		
11	1.5		
12	2.0		
13	2.4		
14	3.0		
15	4.5		
16	5.0		

步骤 2：CMOS 电路功能测试

COMS 输入/输出逻辑电平曲线测试电路如图 2-4 所示，SUPPLY_OUT 对应直流电源电压，CMOS_IN 对应输入电压 U_I，CMOS_OUT 对应输出电压 U_O。可调电源的电压控制是通过调节电位器 R_{1105} 来实现的，调节 R_{1105} 改变与非门的直流电源电压，就可以测试不同直流电源电压下的 CMOS 输入/输出逻辑电平曲线。

调节 R_{1105} 将直流电源电压设置为 3.3V，再调节 R_{1103} 使输入电压 U_I 从 0V 开始，按表 2-3 中所列 U_I 值逐步升高，并把对应的 U_O 值记录到表 2-3，然后绘制 3.3V 的 CMOS 输入/输出逻辑电平曲线 $U_O=f(U_I)$。

表 2-3　3.3V 的 CMOS 输入/输出逻辑电平曲线

CD4011BM96			
序　号	U_I/V	U_O/V	输入/输出逻辑电平曲线
1	0		
2	0.5		
3	1.0		
4	1.4		
5	1.5		
6	1.6		
7	1.7		
8	1.8		
9	1.9		
10	2.0		
11	2.1		
12	2.2		
13	2.5		
14	3.0		
15	3.3		

本 章 任 务

【任务】　通过 R_{1105} 将直流电源电压设置为 5V，再调节 R_{1103} 使输入电压 U_I 从 0V 开始，按表 2-4 中所列的 U_I 值逐步升高，并把对应的 U_O 值记录到表 2-4 中，然后绘制 5V 的 CMOS 输入/输出逻辑电平曲线 $U_O=f(U_I)$。

表 2-4　5V 的 CMOS 输入/输出逻辑电平曲线

CD4011BM96			
序　号	U_I/V	U_O/V	输入/输出逻辑电平曲线
1	0		
2	0.5		
3	1.0		
4	1.2		
5	1.5		
6	1.8		
7	2.1		

CD4011BM96			
序　号	U_I/V	U_O/V	输入/输出逻辑电平曲线
8	2.4		
9	2.7		
10	3.0		
11	3.3		
12	3.6		
13	4.0		
14	4.5		
15	5.0		

本 章 习 题

1. 简述用示波器测量与非门电压传输特性曲线的步骤，根据实验结果分析比较 TTL 电路和 CMOS 电路电压传输特性的异同点。

2. 列出异或门真值表，设计用一片 SN74LS00D 或 CD4011BM96 实现异或门的电路。

第3章 基于原理图的简易数字系统设计

逻辑电路图是一种最原始的数字系统设计方式,其优点是逻辑结构清晰,但当系统功能较为复杂时,电路结构也会较为烦琐。自从出现了 HDL,如 VHDL 和 Verilog HDL,基于原理图的数字系统设计方式就逐渐退出主流,主要是受限于新器件种类不足,且结构复杂的电路可读性和可修改性都不高,不适合复杂的数字系统设计。对于初学者而言,先接触原理图设计方式,可以快速理解和掌握整个设计流程,然后逐步转换到 HDL 设计方式,有助于学习、理解数字系统基本设计原理。本实验基于原理图设计一个简易数字系统,主要掌握基于 Quartus Prime 环境的数字系统设计流程,包括电路设计、电路仿真、引脚约束和板级验证。

3.1 预 备 知 识

(1)常用的门电路(与门、或门、非门、与非门、或非门、异或门等)。
(2)组合逻辑电路的分析方法。
(3)组合逻辑电路的设计方法。
(4)组合逻辑电路的特点。
(5)Quartus Prime 环境设计流程。

3.2 实 验 内 容

使用 Quartus Prime 环境自带的门电路,基于原理图设计一个简易数字系统,输入为 A 和 B,非门 U_1 输出为 Y1、与门 U_2 输出为 Y2、与非门 U_3 输出为 Y3、或门 U_4 输出为 Y4、或非门 U_5 输出为 Y5、异或门 U_6 输出为 Y6,如图 3-1 所示,编写测试激励文件,对该数字系统进行仿真。

完成仿真后,进行引脚约束,其中,A 和 B 使用拨动开关 SW_0 和 SW_1 来输入,分别连接 EP4CE15F23C8N 芯片的 W7 和 Y8 引脚,输出 Y1~Y6 使用 LED_0~LED_5 来表示,对应 EP4CE15F23C8N 芯片引脚依次为 Y4、W6、U7、V4、P4 和 T3,如图 3-2 所示。使用 Quartus Prime 环境生成.sof 文件,并将其下载到 FPGA 高级开发系统进行板级验证。

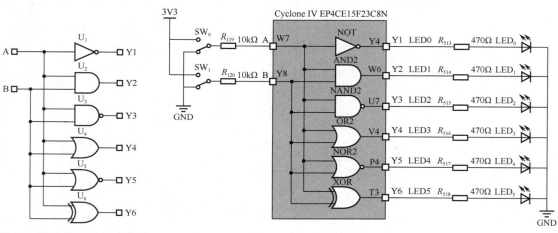

图 3-1 简易数字系统电路图　　　　　　　图 3-2 简易数字系统与外部电路连接图

3.3　实　验　步　骤

步骤 1：新建工程

在 D 盘新建 CycloneIVDigitalTest 文件夹，先将本书配套资料包中的"04.例程资料\Material"文件夹复制到 CycloneIVDigitalTest 文件夹中，然后在 CycloneIVDigitalTest 文件夹中新建一个 Product 文件夹，作为一个总工作目录，往后的实验开发均在此文件夹下进行，在 Product 文件夹中新建 Exp2.1_EasyDigitalSystem 文件夹，用作本次实验的工作目录。注意，工程路径中不能存在空格、中文及特殊字符。

将"D:\CycloneIVDigitalTest\Material\Exp2.1_EasyDigitalSystem"文件夹中的所有文件夹（包括 Code、Project）复制到"D:\CycloneIVDigitalTest\Product\Exp2.1_EasyDigitalSystem"文件夹中。其中，code 文件夹用于存放 Verilog HDL 源码、原理图文件和仿真文件，project 文件夹用于存放工程文件，个别实验中还会有一个 symbol 文件夹用于存放自定义的元件。

下面开始新建工程，打开 Quartus Prime 20.1 软件，在如图 3-3 所示的主界面中，执行菜单栏命令 File→New Project Wizard，启动新工程向导。

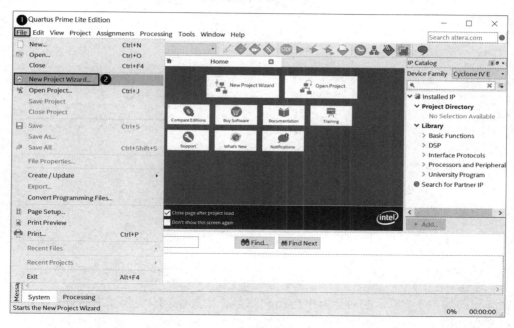

图 3-3　新建工程步骤 1

在弹出的如图 3-4 所示的对话框中，先分别输入工程保存路径、工程名和顶层文件名，其中，工程保存路径不能有中文；然后，单击 Next 按钮。

在弹出的如图 3-5 所示的对话框中，先选中 Empty project 单选钮，创建空白工程，然后，单击 Next 按钮。

在弹出的如图 3-6 所示的对话框中，可以添加已有设计文件，如果没有事先准备好的设计文件，则直接单击 Next 按钮。

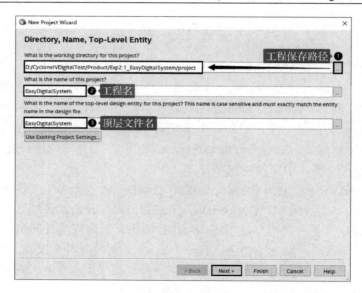

图 3-4   新建工程步骤 2

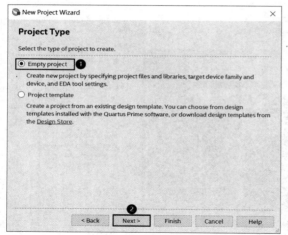

图 3-5   新建工程步骤 3

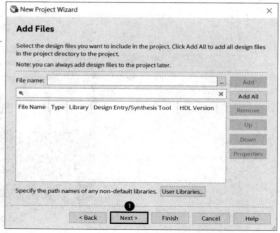

图 3-6   新建工程步骤 4

在弹出的如图 3-7 所示的对话框中选择 FPGA 芯片型号，本实验使用的是 Cyclone IV E 系列封装为 FBGA484 的 EP4CE15F23C8，依次在器件系列 Device Family 区中选择 Cyclone IV E 系列，然后通过器件属性过滤器分别选择器件封装形式（FBGA）、器件引脚数（484）和速度等级（8），以此过滤不符合要求的器件，快速定位到目标器件 EP4CE15F23C8。最后单击 Next 按钮。

在弹出的如图 3-8 所示的对话框中，保持默认设置，直接单击 Next 按钮。

在弹出的如图 3-9 所示的对话框中，确认新建工程的所有信息是否正确，如果不正确，则单击 Back 按钮返回相应的对话框中进行更改，否则直接单击 Finish 按钮。

工程创建成功后的界面如图 3-10 所示，在左边窗口可以看到新建的工程。

步骤 2：新建原理图文件

完成工程创建后还需要新建原理图文件，如图 3-11 所示，执行菜单栏命令 File→New。

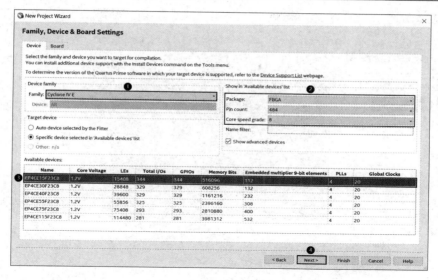

图 3-7　新建工程步骤 5

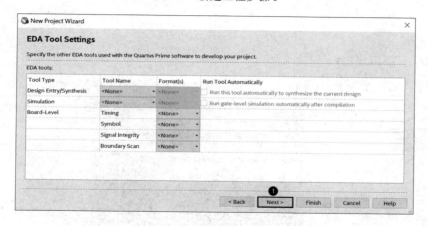

图 3-8　新建工程步骤 6

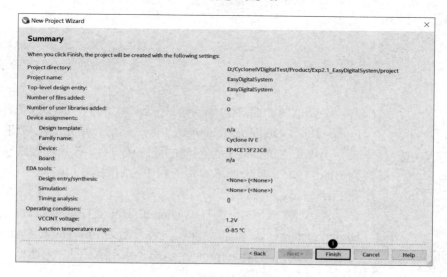

图 3-9　新建工程步骤 7

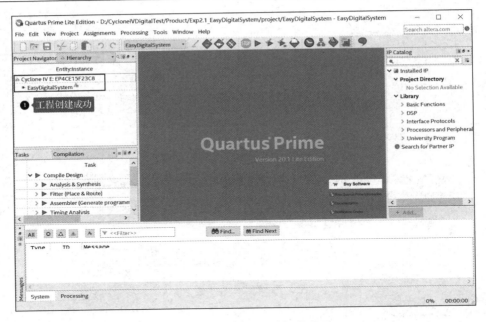

图 3-10　工程创建成功后的界面

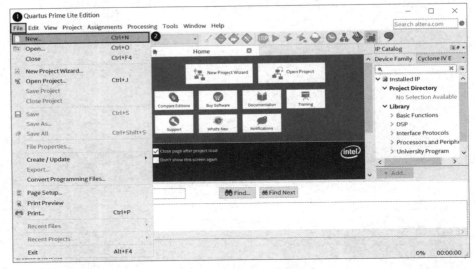

图 3-11　新建原理图

图 3-12　创建原理图文件

在弹出的如图 3-12 所示的对话框中，设计文件类型选择 Design Files→Block Diagram/Schematic File，然后，单击 OK 按钮。

可以在主界面中看到新建的原理图文件，该原理图默认的文件名为 Block1.bdf，且未被添加到工程中，如图 3-13 所示，执行菜单栏命令 File→Save As 对原理图进行保存。

保存路径选择 "D:\CycloneIVDigitalTest\Product\Exp2.1_Easy DigitalSystem\code"，将原理图文件命名为 EasyDigitalSystem.bdf，并勾选 Add file to current project（添加到当前工程）复选框，然后单击"保存"按钮，如图 3-14 所示。

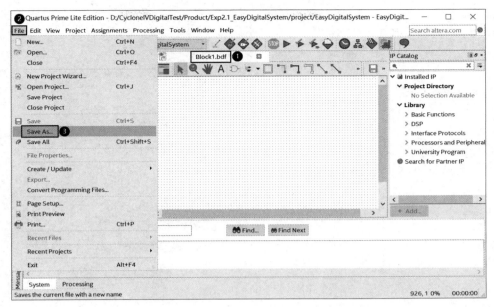

图 3-13　保存新建的原理图

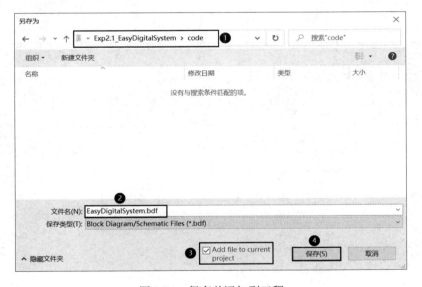

图 3-14　保存并添加到工程

完成新建原理图文件后的主界面如图 3-15 所示，原理图文件名变为 EasyDigitalSystem.bpf，并且关掉原理图文件，然后双击工程名可以再次打开原理图文件，说明原理图文件已经添加进工程中。

步骤 3：添加元件

在原理图上方的工具栏中，单击 ⊡ 按钮，如图 3-16 所示，在弹出的 Symbol 对话框中，找到系统自带元件库路径中 primitives→logic 的 and2，或者直接在 Name 栏中输入器件名 and2，单击 OK 按钮。

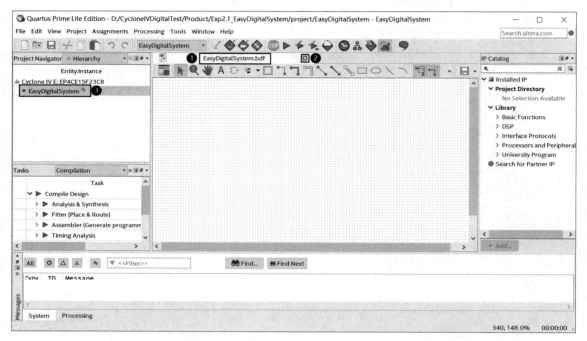

图 3-15　完成新建原理图文件后的主界面

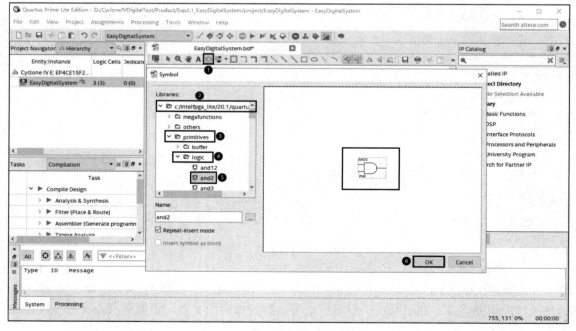

图 3-16　添加元件

在原理图任意位置单击即可完成与门的放置。添加与门的效果如图 3-17 所示，其中 inst 为元件编号，双击它可以进行修改，一般保持默认即可。

继续单击 ⊃- 按钮依次添加非门（not）、与非门（nand2）、或门（or2）、或非门（nor2）和异或门（xor）到原理图上，这些元件均在 logic 中。完成后，单击 ▶ 按钮或按 Esc 键即可结束元件的放置。添加完所有元件的效果如图 3-18 所示。

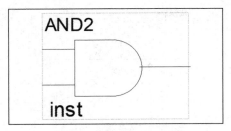

图 3-17　添加与门的效果

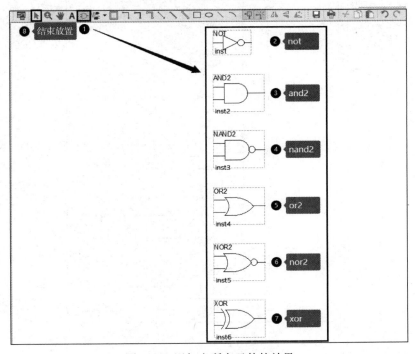

图 3-18　添加完所有元件的效果

步骤 4：添加布线

单击原理图上方工具栏中的 ┐ 按钮，如图 3-19 所示，将鼠标移动到非门左边的端口上，单击并拖动鼠标即可进行布线，单击 ▮ 按钮或按 Esc 键则可以结束布线。如果布线出现失误，则单击选中失误线段，按 Delete 键即可进行删除。

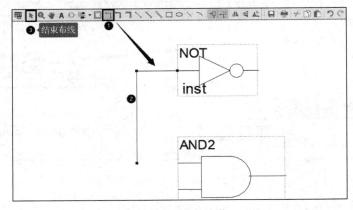

图 3-19　添加布线

　　参考如图 3-20 所示的内容完成剩下的布线，布线悬空的一端会出现一个×，据此可判断出元件的端口与线是否连上。

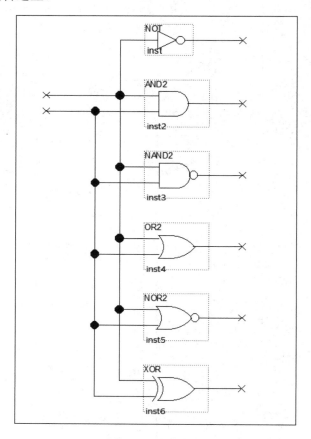

图 3-20　布线完成

步骤 5：添加输入/输出端口

　　单击原理图上方工具栏中的 按钮进行下拉，如图 3-21 所示，单击 Input 按钮可以添加输入端口，单击 Output 按钮可以添加输出端口，单击 按钮或按 Esc 键可以结束端口的添加。

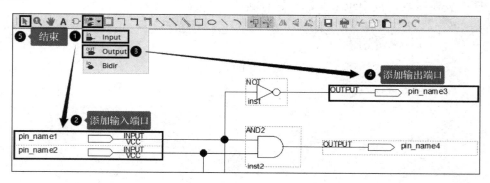

图 3-21　添加输入/输出端口

　　参考图 3-22，完成所有输入/输出端口的添加。

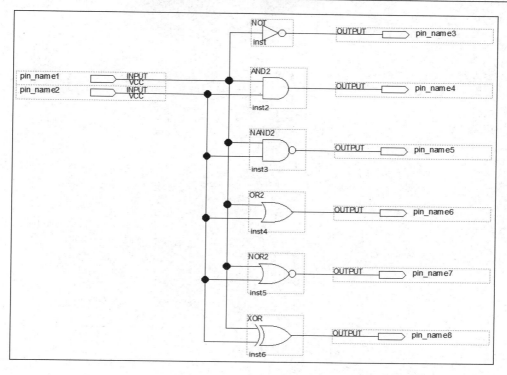

图 3-22　完成所有输入/输出端口的添加

　　下面修改端口名称，退出添加端口后，双击需要修改名称的端口（这里以 pin_name1 端口为例），在弹出的对话框中，将 Pin name(s)框中的值改为 A，之后单击 OK 按钮完成端口名的修改，如图 3-23 所示。

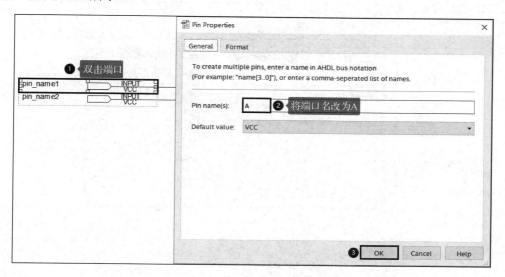

图 3-23　修改端口名称

　　参考如图 3-24 所示的内容，完成所有端口名称的修改。

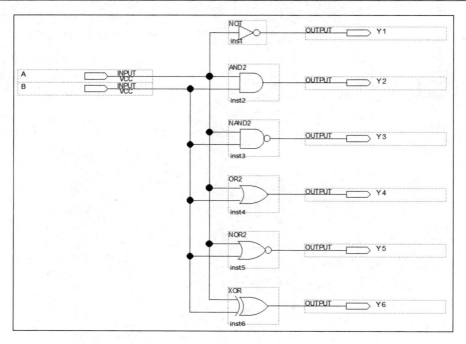

图 3-24　完成所有端口名称的修改

步骤 6：编译原理图工程

完成端口添加之后，单击主界面工具栏中的 ▶ 按钮，对原理图工程进行编译，如图 3-25 所示，编译完成后会自动弹出 Compilation Report 界面，同时下方 Message 显示 Quartus Prime Full Compilation was successful，说明编译成功。

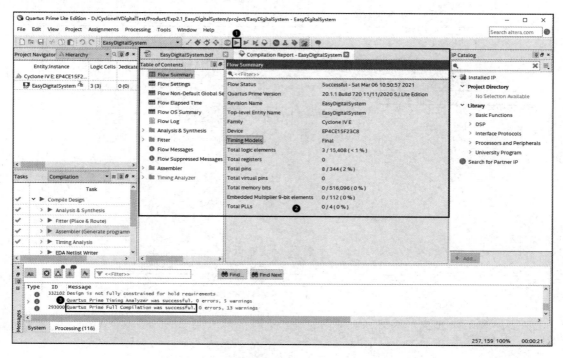

图 3-25　编译原理图工程

　　此外，在 Message 中还可以看到所有的编译信息，包括各种 error 与 warning。其中，如果出现 error 则意味着原理图设计出现错误，编译也会失败，需要以出现的错误提示为线索修改原理图，直到没有 error 为止，在查找错误时，可以借助谷歌或者百度；而 warning 信息则是软件认为设计中可能出现的潜在问题，如果对设计没有影响则可以忽略。

步骤 7：添加仿真文件

　　工程编译成功后，在下载到 FPGA 高级开发系统之前，为了检验电路的正确性，需要对电路进行仿真测试，确保准确无误后再将电路下载到系统中。

　　首先需要生成一个仿真文件模板，执行菜单栏命令 Assignments→Settings，如图 3-26 所示。

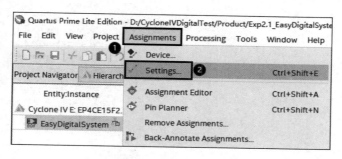

图 3-26　生成仿真文件模板步骤 1

　　在弹出的如图 3-27 所示的对话框中，选择 Simulation 对仿真工具进行设置，Tool name 选择 ModelSim-Altera；其余部分按如图 3-27 所示进行设置。

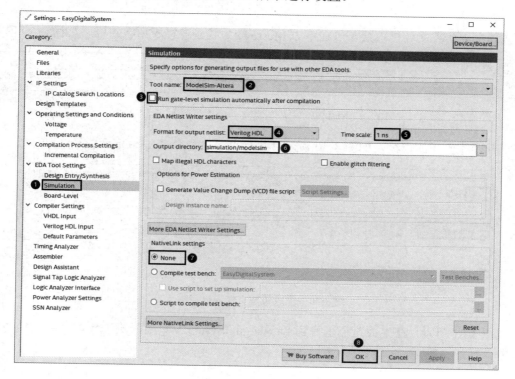

图 3-27　生成仿真文件模板步骤 2

下面根据刚才的设置生成相应的仿真文件模板,如图 3-28 所示,执行菜单栏命令 Processing→Start→Start Test Bench Template Writer。

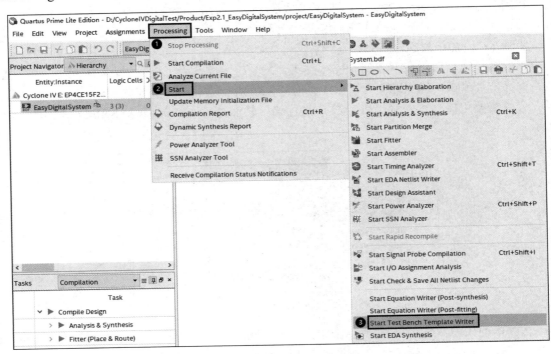

图 3-28　生成仿真文件模板步骤 3

成功生成仿真文件模板后可以在下方 Message 中找到该模板所在路径,如图 3-29 所示。

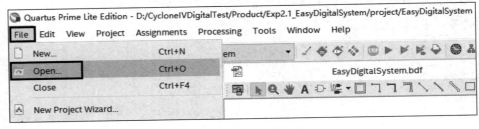

图 3-29　生成仿真文件模板步骤 4

打开刚才生成的模板,如图 3-30 所示,执行菜单栏命令 File→Open。

图 3-30　生成仿真文件模板步骤 5

如图 3-31 所示,在生成路径里找到 EasyDigitalSystem.vt,暂时不需要添加到工程中,直接单击"打开"按钮。

图 3-31　生成仿真文件模板步骤 6

打开后的仿真文件模板界面如图 3-32 所示，可以看到仿真文件模块名与仿真文件名并不相同，为了使这二者一致，在后面的步骤中会进行统一命名。

图 3-32　生成仿真文件模板步骤 7

在打开的仿真文件编辑界面中进行修改，参照如程序清单 3-1 所示的代码，将第 2 行、第 5 行和第 33 至 47 行代码修改或添加到仿真文件中，并对比程序清单 3-1 将模板中自动生成的 always 语句（位于代码底部）删除，下面对关键语句进行解释。

（1）第 1 行代码：设置仿真文件的时延值，时延单位为 1ns，时延精度为 1ps。

（2）第 2 行代码：将仿真模块名修改为 EasyDigitalSystem_tb。

（3）第 5 行代码：仿真模板自动生成的多余信号，没有特殊用途，可以直接删除或者对其进行注释。

（4）第 33 至 47 行代码：对输入端口 A、B 的状态进行仿真，#100 表示将该语句前面的 A、B 状态延时 100 个时延单位，即延时 100ns。不难看出，仿真中输入端口 A、B 的每个状态都保持了 100ns。

程序清单 3-1

```
1.   `timescale 1 ns/ 1 ps
2.   module EasyDigitalSystem_tb();
3.   //constants
4.   //general purpose registers
5.   //reg eachvec;
6.   //test vector input registers
7.   reg A;
8.   reg B;
9.   //wires
10.  wire Y1;
11.  wire Y2;
12.  wire Y3;
13.  wire Y4;
14.  wire Y5;
15.  wire Y6;
16.
17.  //assign statements (if any)
18.  EasyDigitalSystem i1 (
19.  //port map - connection between master ports and signals/registers
20.      .A(A),
21.      .B(B),
22.      .Y1(Y1),
23.      .Y2(Y2),
24.      .Y3(Y3),
25.      .Y4(Y4),
26.      .Y5(Y5),
27.      .Y6(Y6)
28.  );
29.  initial
30.  begin
31.  //code that executes only once
32.  //insert code here --> begin
33.    A = 1'b0;
34.    B = 1'b0;
35.    #100;
36.
37.    A = 1'b1;
38.    B = 1'b0;
39.    #100;
40.
41.    A = 1'b0;
42.    B = 1'b1;
43.    #100;
44.
45.    A = 1'b1;
46.    B = 1'b1;
```

```
47.    #100;
48. //--> end
49. $display("Running testbench");
50. end
51. endmodule
```

　　完善仿真文件后还需要将仿真文件与仿真工具进行关联，执行菜单栏命令 File→Save As，将仿真文件另存到 "D:\CycloneIVDigitalTest\Product\Exp2.1_EasyDigitalSystem\code" 中，以避免误操作重新生成仿真模板将完善好的仿真文件覆盖。同时，为了与模块名保持一致，将仿真文件名重命名为 EasyDigitalSystem_tb.vt，并添加到工程中，方便以后在工程中打开进行修改，如图 3-33 所示，最后单击 "保存" 按钮。

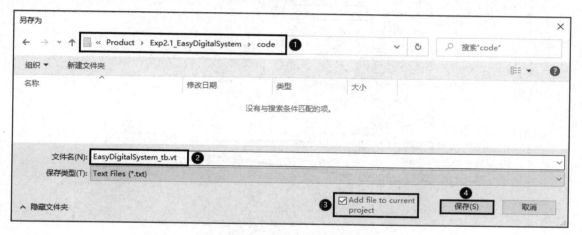

图 3-33　关联仿真文件步骤 1

　　完成仿真文件保存后，参照图 3-27 执行菜单栏命令 Assignments→Settings 打开设置窗口，在如图 3-34 所示的 Simulation 项中，选择 Compile test bench，然后单击 Test Benches 按钮。

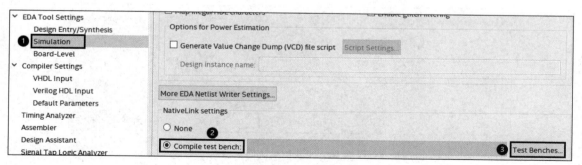

图 3-34　关联仿真文件步骤 2

　　在弹出的对话框中，参照如图 3-35 所示步骤，将刚才另存的 EasyDigitalSystem_tb.vt 文件及其路径添加到设置中。

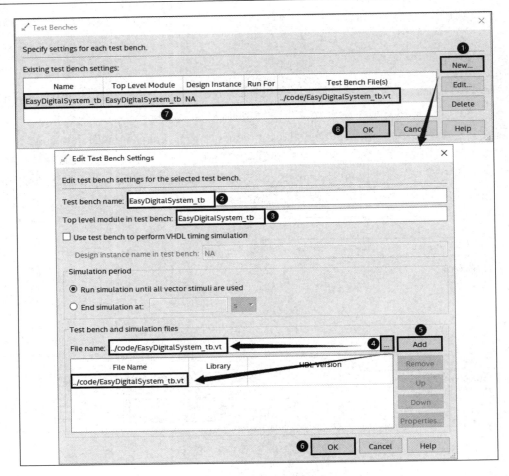

图 3-35　关联仿真文件步骤 3

添加仿真文件成功后的效果如图 3-36 所示，单击 OK 按钮完成仿真文件的关联。

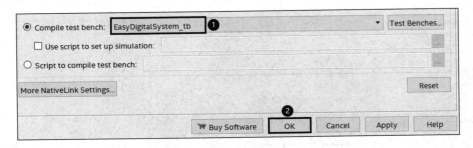

图 3-36　关联仿真文件步骤 4

　　单击主界面工具栏中的 ▶ 按钮对工程再次进行编译。注意，在第一次仿真前一定要先进行编译生成仿真相关文件，否则仿真会因为缺失文件而失败，编译成功后便可以运行仿真。此外，如果原理图经过修改，在仿真前也要重新编译一次。如图 3-37 所示，执行菜单栏命令 Tools→Run Simulation Tool→Gate Level Simulation。

　　等待一段时间后，计算机下方任务栏将弹出如图 3-38 所示的仿真软件（ModelSim）图标，单击该图标即可进入仿真软件查看仿真结果。

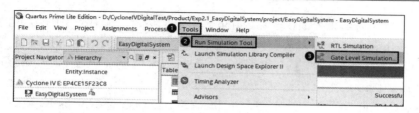

图 3-37　运行仿真

图 3-38　仿真软件图标

在打开的如图 3-39 所示的 ModelSim 软件界面中，① 在波形区域中的任意位置单击，然后单击 图标便可以查看完整的仿真波形；② 单击 或 图标或在按住 Ctrl 键的同时滚动鼠标滚轮则可以对仿真进行放大和缩小；③ 在波形区域中单击可将光标调整至波形的任意位置，在光标下方可以看到光标所在的具体位置；④ 左侧显示的是仿真文件对应的信号名，Msgs 窗口显示的则是光标处各仿真信号对应的具体值。

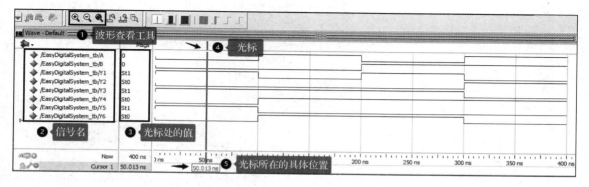

图 3-39　查看仿真结果

下面对仿真结果进行分析，如图 3-39 所示，调整光标位置可查看不同节点的输入/输出，首先将光标调整到 50ns 的位置，由波形和左侧 Msgs 的值可以得知，A、B 此时为 0，Y1 输出为 1，输出符合非门（INV）的要求。Y2 输出为 0，输出符合与门（and2）的要求……依次对前后 4 个阶段的输入 A、B 和输出 Y1～Y6 进行分析，若输出全部正确则表明电路设计准确无误，可以关闭仿真进行下一步的板级验证。

关闭仿真软件时会弹出如图 3-40 所示的窗口，直接单击"是"按钮。注意，同一个工程在打开了一个仿真后，在未关闭的情况下再次进行仿真，会出现仿真失败的情况。

步骤 8：引脚约束

在板级验证之前，还需要完成引脚约束。现在，原理图上的输入/输出端口并未与EP4CE15F23C8N 芯片引脚建立对应的联系。

如图 3-41 所示，执行菜单栏命令 Assignments→Pin Planner。

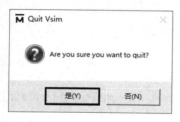

图 3-40　仿真退出确认

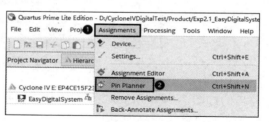

图 3-41　引脚约束步骤 1

弹出如图 3-42 所示的引脚约束界面,在 Location 栏中给各端口分配对应引脚,如给端口 A 分配 PIN_W7,只需在 Location 栏中对应位置单击后输入 W7,软件会自动匹配上 PIN_W7。

在 I/O Standard 栏中双击下拉选择 3V3 电平标准(3.3-V LVTTL),FPGA 芯片可以适配 1V2、3V3 等多个标准;同时还可以调整引脚输入/输出电流,以提高驱动能力,具体内容请参考配套资料包中的"09.硬件资料\Volume 1:Chapter 6.Cyclone IV 器件中的 IO 特性.pdf"文件。

确认无误后将该窗口关闭即可,软件会在工程所在路径自动生成一个.qsf 文件来存放引脚信息。

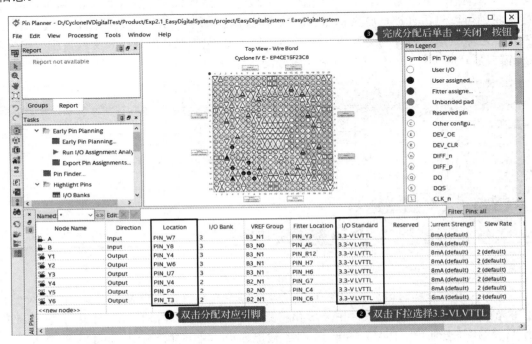

图 3-42　引脚约束步骤 2

对于已经约束过引脚的工程需要重新约束引脚,可以在设置之前先将已有的引脚约束清除,以避免需要约束的引脚被其他端口占用,如图 3-43 所示,执行菜单栏命令 Assignments →Remove Assignments。

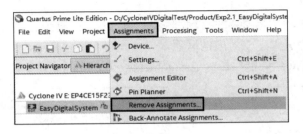

图 3-43　清除引脚约束步骤 1

在弹出的如图 3-44 所示的对话框中,勾选 Pin,Location & Routing Assignments 复选框,单击 OK 按钮即可完成引脚约束的清除。

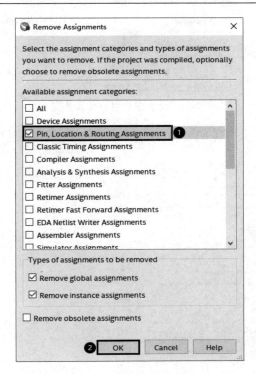

图 3-44　清除引脚约束步骤 2

分配完引脚后打开原理图文件，可以看到每个端口旁边都自动放置了一个对应的引脚编号，如图 3-45 所示。

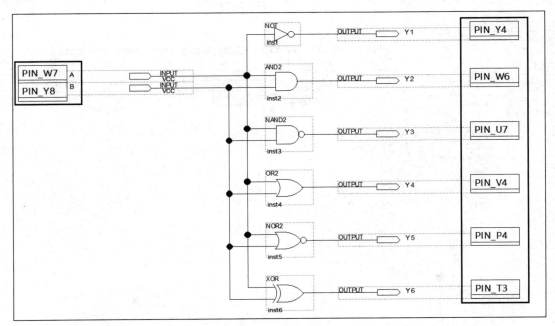

图 3-45　引脚约束完成

设置引脚约束后，还需要对未使用的空余引脚状态进行设置，以避免空余引脚的状态对实验现象产生影响，如图 3-46 所示，执行菜单栏命令 Assignments→Device。

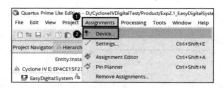

图 3-46　设置空余引脚状态步骤 1

在弹出的如图 3-47 所示的对话框中，单击 Device and Pin Options 按钮。

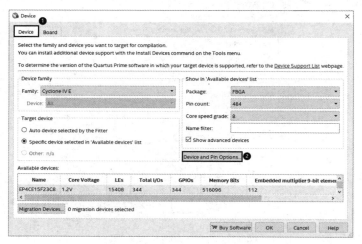

图 3-47　设置空余引脚状态步骤 2

在弹出的如图 3-48 所示的对话框中，单击 Unused Pins，下拉选择 As input tri-stated，即将所有空余引脚设置为高阻态输入，然后单击 OK 按钮完成设置。

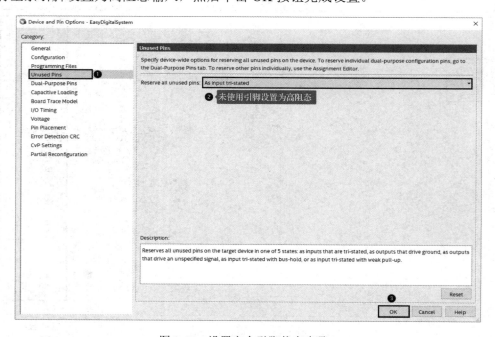

图 3-48　设置空余引脚状态步骤 3

完成引脚约束和空余引脚状态设置后，单击工具栏中的 ▶ 按钮编译工程，编译无误后便可以进行程序的下载。

步骤 9：下载程序

下载程序之前先将 FPGA 高级开发系统通过 USB BLASTER 下载器与计算机进行连接，并通过 12V 电源适配器向 FPGA 高级开发系统供电，同时将电源拨动开关上拨至 ON 打开电源，连接图如图 3-49 所示。

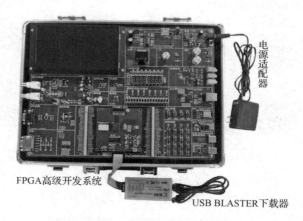

图 3-49　FPGA 高级开发系统连接图

完成连接后检查设备管理器，如图 1-36 所示，若发现 Altera USB-Blaster 设备则表明 USB BLASTER 下载器与计算机正常连接。此时，USB BLASTER 下载器上的灯为黄色。

如图 3-50 所示，单击工具栏中的 按钮进入程序下载界面。

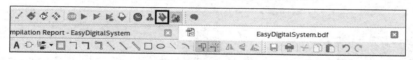

图 3-50　程序下载

在弹出的如图 3-51 所示的程序下载界面中，单击 Hardware Setup 按钮，在弹出的 Hardware Setup 对话框中可以识别到插入计算机的 USB-Blaster 下载器，下拉选择该下载器后，单击 Close 按钮。

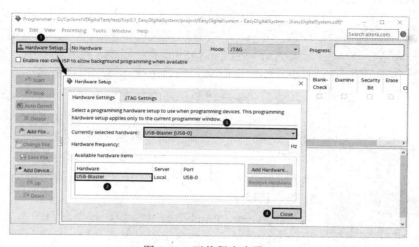

图 3-51　下载程序步骤 1

在如图 3-52 所示的 File 位置可以找到最后一次编译时生成的 EasyDigitalSystem.sof 文件。如果没有自动添加的.sof 文件，可以单击左侧的 Add File 按钮，在工程路径下的 output_files 文件夹中可以找到该文件，单击 Open 按钮。

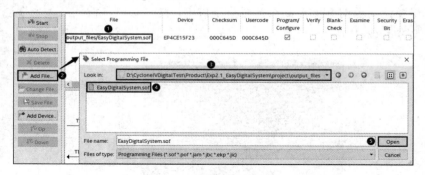

图 3-52　下载程序步骤 2

勾选 Program/Configure 选项，单击 Start 按钮开始下载，在下载过程中，右上角的 Process 进度条会显示下载进度，当显示 100%(Successful)时说明程序下载成功，如图 3-53 所示。

图 3-53　下载程序步骤 3

下载完成后，通过拨动开关 SW_0 和 SW_1 可以控制输入电平的高低，通过 $LED_0 \sim LED_5$ 的点亮与熄灭可以显示输出电平的高低，从而实现基于原理图的简易数字系统设计的板级验证。

图 3-54　生成.jic 文件步骤 1

步骤 10：固化程序

步骤 10 中的.sof 文件只是下载到了 EP4CE15F23C8N 芯片的配置区域，该配置区域类似于 SRAM，掉电后就会丢失数据。如果先给 FPGA 高级开发系统断电，然后再上电，则会发现刚才下载的程序丢失了，系统就像恢复了出厂设置。

要想实现系统断电后重新上电不会丢失程序，就需要用外部的 Flash 来保存程序。虽然 Flash 芯片掉电后不会丢失数据，但读/写较慢，特别适合于储存数据。这个方法也称为 FPGA 的程序固化，通过这个方法，EP4CE15F23C8N 芯片上电时就能从外部 Flash 中读出程序并写入配置区域中，从而避免每次上电都要重新下载程序。

在 Quartus Prime 20.1 中，固化程序使用的是.jic 文件，这个文件不能通过编译自动生成，需要通过生成的.sof 文件手动转换才能得到，如图 3-54 所示，执行菜单栏命令 File→Convert

Programming Files。

　　在弹出的如图 3-55 所示的对话框中，选择生成.jic 文件，并对 Flash 型号、模式、生成路径和文件名进行相应设置，其中，FPGA 高级开发系统中使用到的 M25P16 可以与 EPCS16 完全兼容，因此 Flash 型号选择 EPCS16。

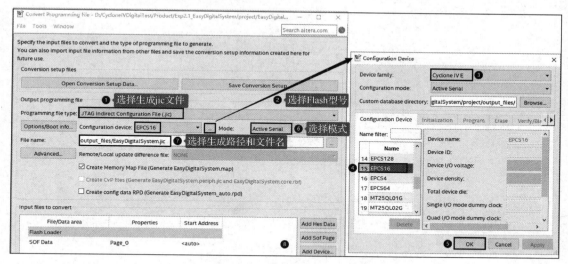

图 3-55　生成.jic 文件步骤 2

　　参照如图 3-56 所示的步骤在该对话框中进行 FPGA 芯片型号的设置。

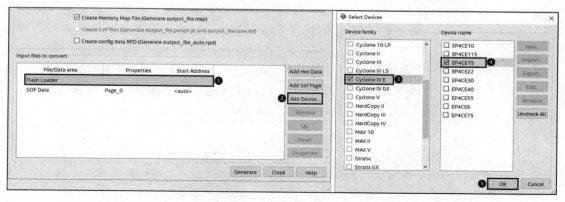

图 3-56　生成.jic 文件步骤 3

　　参照如图 3-57 所示的步骤添加用于转换的.sof 文件。

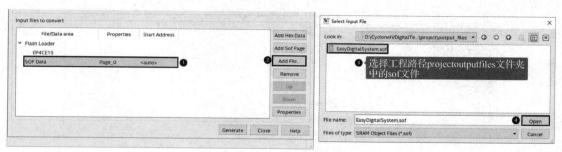

图 3-57　生成.jic 文件步骤 4

所有设置完成后的对话框内容如图 3-58 所示，确认无误后单击 Generate 按钮。

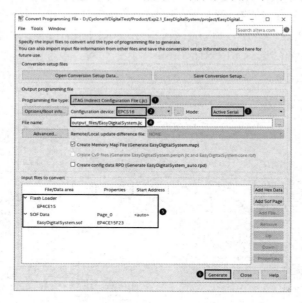

图 3-58　生成.jic 文件步骤 5

图 3-59　生成.jic 文件步骤 6

弹出如图 3-59 所示的对话框，说明.jic 文件成功生成，单击 OK 按钮。

单击工具栏中的 ♦ 按钮，在弹出的如图 3-60 所示的程序下载界面中，选中自动添加的.sof 文件，单击 Change File 按钮选择刚才生成的.jic 文件，单击 Open 按钮完成.jic 文件的添加。如果没有自动添加的.sof 文件，则直接单击 Add File 按钮添加.jic 文件。

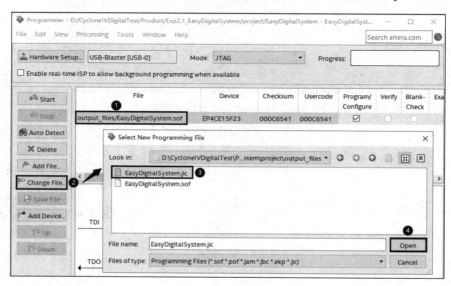

图 3-60　固化程序步骤 1

　　添加.jic 文件后，如图 3-61 所示，勾选 Program/Configure 选项，单击 Start 按钮，固化程序需要的时间比较长，右上方的 Progress 进度条显示 100%(Successful)说明程序固化成功。

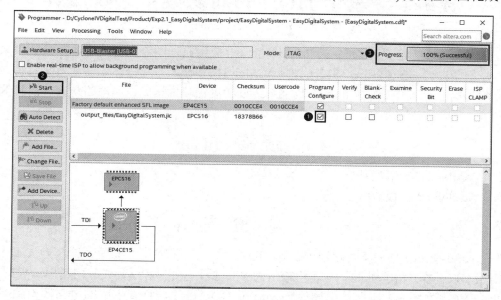

图 3-61　固化程序步骤 2

　　程序成功下载进 Flash 后，按下核心板上的 PROG 按键，即可将程序从 Flash 载入 EP4CE15F23C8N 中，之后将 FPGA 高级开发系统断电、再重新上电，查看程序是否还会丢失。

本 章 任 务

　　【任务 1】使用 Quartus Prime 环境自带的门电路，基于原理图设计一个照明灯控制电路，该电路由 A、B、C 三个开关控制，要求改变任一个开关的状态都能控制照明灯由亮到灭或由灭到亮变化。编写测试激励文件，对该电路进行仿真；设置引脚约束，其中输入 A、B、C 使用拨动开关，输出的照明灯使用 LED。在 Quartus Prime 环境中生成.sof 文件，并下载到 FPGA 高级开发系统进行板级验证。

　　【任务 2】某个股份公司由 4 名股东（甲、乙、丙和丁）管理。其中，甲持有 35%的股份，乙持有 40%的股份，丙持有 15%的股份，丁持有 10%的股份。该公司的任何决议只有超过全部票数的 60%才能获得通过，使用 Quartus Prime 环境自带的门电路，基于原理图设计该决议电路，当决议通过时，输出为高电平。编写测试激励文件，对该电路进行仿真；设置引脚约束，其中输入甲、乙、丙和丁使用拨动开关，决议结果使用 LED（点亮代表通过）。在 Quartus Prime 环境中生成.sof 文件，并下载到 FPGA 高级开发系统进行板级验证。

本 章 习 题

　　1. 总结在 Quartus Prime 环境下设计数字电路的步骤。

　　2. 要求电路设计中使用的门电路种类和数量尽可能少，试重新设计完成任务 1 和任务 2 的逻辑电路，写出逻辑函数表达式。理解在逻辑电路设计前，为什么要进行逻辑化简。

第4章 基于HDL的简易数字系统设计

第3章的主要内容是在 Quartus Prime 环境下，使用原理图输入方式完成简易数字系统设计。本章则是在 Quartus Prime 环境下使用 Verilog HDL 输入方式描述该简易数字系统，其他开发流程与第3章基于原理图的简易数字系统设计流程基本相同，如电路仿真、引脚约束和板级验证。

4.1 预 备 知 识

（1）Verilog HDL 语法基础。
（2）Verilog HDL 模块。

4.2 实 验 内 容

在 Quartus Prime 环境下，使用 Verilog HDL 设计一个简易数字系统，输入为 A 和 B，非门输出为 Y1、与门输出为 Y2、与非门输出为 Y3、或门输出为 Y4、或非门输出为 Y5、异或门输出为 Y6，如图 3-1 所示，编译检查 Verilog HDL 语法，查看生成的电路图，编写测试激励文件，对该简易数字系统进行仿真。完成仿真后，再进行引脚约束，其中引脚连接如图 3-2 所示。使用 Quartus Prime 环境生成.sof 文件，并将其下载到 FPGA 高级开发系统进行板级验证。

4.3 实 验 步 骤

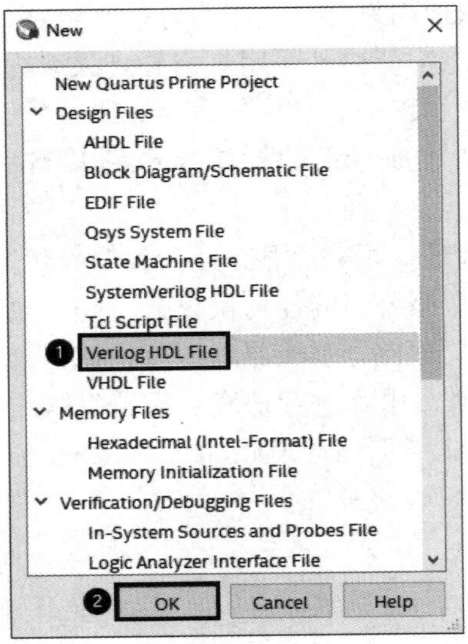

图 4-1 新建 Verilog HDL 文件

步骤 1：新建工程

首先，将"D:\CycloneIVDigitalTest\Material"文件夹中的 Exp3.1_EasyDigitalSystem 文件夹复制到"D:\CycloneIVDigitalTest\Product"文件夹中。然后，参考 3.3 节步骤 1，在目录"D:\CycloneIVDigitalTest\Product\Exp3.1_EasyDigitalSystem\project"中新建名为 EasyDigitalSystem 的工程。

步骤 2：新建 Verilog HDL 文件

新建工程完毕之后添加 Verilog HDL 文件，执行菜单栏命令 File→New，在弹出的 New 对话框中，选择 Design Files→Verilog HDL File，如图 4-1 所示，然后单击 OK 按钮。

新建成功后执行菜单栏命令 File→Save As，将新建的 Verilog HDL 文件另存为 EasyDigital System.v，保存路径选 择 " D:\CycloneIVDigitalTest\Product\Exp3.1_EasyDigital System\code"目录，并勾选添加到当前的工程，单击"保存"按钮如图 4-2 所示。

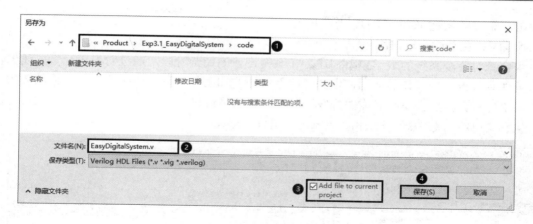

图 4-2　保存并添加到工程

步骤 3：完善 EasyDigitalSystem.v 文件

将程序清单 4-1 中的代码输入 EasyDigitalSystem.v 文件中，下面对关键语句进行解释。

（1）第 6 至 15 行代码：对 EasyDigitalSystem.v 文件的输入/输出端口进行了定义和说明。

（2）第 20 至 25 行代码：实现了 Y1～Y6 不同门的输出功能。

程序清单 4-1

```
15.  `timescale 1ns / 1ps
16.
17.  //----------------------------------------------------------------------
18.  //                              模块定义
19.  //----------------------------------------------------------------------
20.  module EasyDigitalSystem(
21.    input  wire A , //A 输入
22.    input  wire B , //B 输入
23.    output wire Y1, //Y1 输出
24.    output wire Y2, //Y2 输出
25.    output wire Y3, //Y3 输出
26.    output wire Y4, //Y4 输出
27.    output wire Y5, //Y5 输出
28.    output wire Y6  //Y6 输出
29.  );
30.
31.  //----------------------------------------------------------------------
32.  //                              电路实现
33.  //----------------------------------------------------------------------
34.    assign Y1 = ~A;        //非
35.    assign Y2 = A & B;     //与
36.    assign Y3 = ~(A & B);  //与非
37.    assign Y4 = A | B;     //或
38.    assign Y5 = ~(A | B);  //或非
39.    assign Y6 = A ^ B;     //异或
40.
41.  endmodule
```

完善 EasyDigitalSystem.v 文件后，参考 3.3 节步骤 7，单击 ▶ 按钮对 EasyDigitalSystem

工程进行编译，检查 Verilog HDL 语法是否正确。

步骤 4：查看综合电路图

综合是对整个系统的数学模型描述，在系统设计的初始阶段，通过对系统行为描述的仿真来发现系统设计中存在的问题，以此考虑系统结构和工作过程能否达到设计规格的要求，对于简单的设计，综合不是必需的开发流程，工程编译通过后，在如图 4-3 所示的软件界面中，执行菜单栏命令 Tools→Netlist Viewers→RTL Viewer。

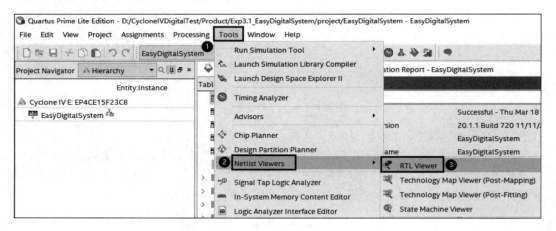

图 4-3　综合工程

综合器会根据 Verilog HDL 代码生成如图 4-4 所示的硬件逻辑电路图，与图 3-1 对比分析可知，功能符合设计预期。

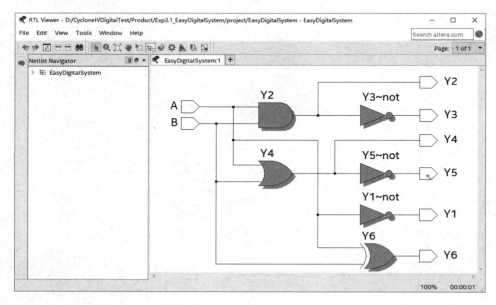

图 4-4　EasyDigitalSystem 电路图

步骤 5：添加仿真文件

执行菜单栏命令 File→Open，选择如图 4-5 所示的仿真文件模板，并勾选添加到工程，单击"打开"按钮。

图 4-5　添加仿真文件模板

参照 3.3 节步骤 8 完善 EasyDigitalSystem_tb.vt 文件。完善之后执行菜单栏命令 Assignments→Settings，将添加的仿真文件与仿真软件 ModelSim 关联，设置完成后如图 4-6 所示，在后面的实验中，仿真文件模板都会在 Material 中各实验的 code 文件夹里给出，只需要对仿真文件进行完善并在设置中将其与 ModelSim 关联即可。

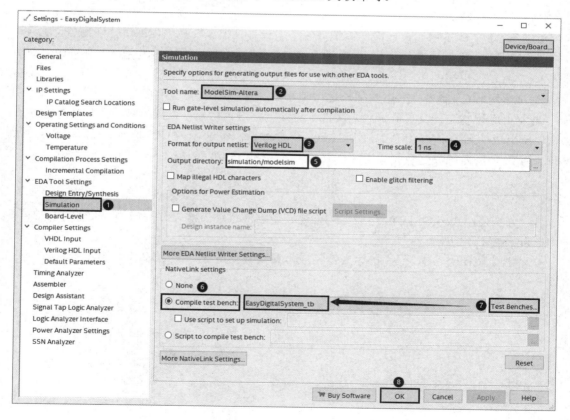

图 4-6　关联仿真文件

单击 ▶ 按钮编译工程并进行仿真，验证仿真结果是否正确。

步骤 6：引脚约束

先参考 3.3 节步骤 9 进行引脚约束并将空闲引脚设置为高阻态输入，然后参考 3.3 节步骤

10 编译工程生成.sof 文件，并将其下载到 FPGA 高级开发系统后验证功能是否正确。

本 章 任 务

【任务 1】 本章实验中使用的是数据流描述的方式，即利用连续赋值语句来实现简易数字系统的逻辑功能。下面参考 1.4.8 节的结构描述中的门级描述，尝试利用 Verilog HDL 定义的门级设计原语（not、and、nand、or、nor、xor、xnor 等）对简易数字系统进行描述，例如非门和与门用门级描述可以描述为：

```
not U1(Y1,A);      //非门，Y1 为输出，A 为输入
and U2(Y2,A,B);    //与门，Y2 为输出，A、B 为两个输入
```

首先完成描述后编写测试激励文件，对该电路进行仿真；然后设置引脚约束，将其下载到 FPGA 高级开发系统进行板级验证。

【任务 2】 使用 Verilog HDL 设计一个多人表决电路，要求在 A、B、C 三人中只要有两人或三人同意，则决议通过，但 A 还具有否决权，即只要 A 不同意，即使其他两人同意也不能通过。编写测试激励文件，对该电路进行仿真；设置引脚约束，其中输入 A、B、C 使用拨动开关，决议结果使用 LED。在 Quartus Prime 环境中生成.sof 文件，并下载到 FPGA 高级开发系统进行板级验证。

【任务 3】 某建筑物的自动电梯系统有 5 个电梯，其中 3 个是主电梯（分别为 A、B、C），2 个为备用电梯。当上下人员拥挤、主电梯全被占用时，才允许使用备用电梯。使用 Verilog HDL 设计一个监控主电梯的逻辑电路，当任何 2 个主电梯运行时，产生一个信号（Y1），通知备用电梯准备运行；当 3 个主电梯都在运行时，则产生另一个信号（Y2），使备用电梯电源接通，处于可运行状态。编写测试激励文件，对该电路进行仿真；设置引脚约束，其中输入 A、B、C 使用拨动开关，Y1 和 Y2 使用 LED。在 Quartus Prime 环境中生成.sof 文件，并下载到 FPGA 高级开发系统进行板级验证。

本 章 习 题

1. 分别使用 Verilog HDL 门级结构描述和数据流描述方法设计完成第 3 章的任务 1，编写 Verilog HDL 代码。

2. 使用 Verilog HDL 行为描述设计完成本章实验任务 3，编写 Verilog HDL 代码。

第 5 章　编码器设计

在日常生活中，常用十进制数、文字和符号等表示各种事物，而数字电路是基于二进制数的，因此需要将十进制数、文字和符号等用二进制代码来表示，例如用 4 位二进制代码表示十进制数的 8421BCD 码，用 7 位二进制代码表示常用符号的 ASCII 码。用文字、数字或符号代表特定对象的过程称为编码。电路中的编码就是在一系列事物中，将其中的每个事物用一组二进制代码来表示。编码器就是实现编码功能的电路。编码器的逻辑功能就是把输入的 2^N 个信号转化为 N 位输出。常用的编码器根据工作特点可分为普通编码器和优先编码器两种。

本实验先对 MSI74148 模块进行仿真，然后设置引脚约束，在 FPGA 高级开发系统上进行板级验证；再参考 MSI74148 真值表，使用 Verilog HDL 实现该电路，经过仿真测试后，进行板级验证。

5.1　预　备　知　识

（1）二进制普通编码器。
（2）二进制优先编码器。
（3）8421BCD 普通编码器。
（4）8421BCD 优先编码器。
（5）MSI74148 优先编码器。

5.2　实　验　内　容

MSI74148 是 8 线—3 线优先编码器，其中，$\bar{I}_7$ 的优先级最高，$\bar{I}_6$ 次之，$\bar{I}_0$ 最低。MSI74148 的输入和输出均为低电平有效，其逻辑符号如图 5-1 所示，真值表如表 5-1 所示。其中，$\overline{ST}$ 为选通输入端，当 $\overline{ST}=0$ 时，编码器工作；当 $\overline{ST}=1$ 时，编码功能被禁止。$\bar{Y}_{EX}$ 为扩展输出端，Y_S 为选通输出端，利用 $\overline{ST}$、$\bar{Y}_{EX}$ 和 Y_S 可以对编码器进行扩展。

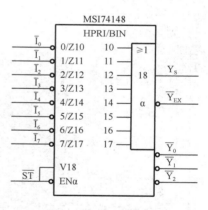

图 5-1　MSI74148 的逻辑符号

表 5-1　MSI74148 的真值表

输　入									输　出				
$\overline{ST}$	$\bar{I}_0$	$\bar{I}_1$	$\bar{I}_2$	$\bar{I}_3$	$\bar{I}_4$	$\bar{I}_5$	$\bar{I}_6$	$\bar{I}_7$	$\bar{Y}_{EX}$	Y_S	$\bar{Y}_2$	$\bar{Y}_1$	$\bar{Y}_0$
1	×	×	×	×	×	×	×	×	1	1	1	1	1
0	1	1	1	1	1	1	1	1	1	0	1	1	1
0	×	×	×	×	×	×	×	0	0	1	0	0	0
0	×	×	×	×	×	×	0	1	0	1	0	0	1
0	×	×	×	×	×	0	1	1	0	1	0	1	0
0	×	×	×	×	0	1	1	1	0	1	0	1	1
0	×	×	×	0	1	1	1	1	0	1	1	0	0

续表

输　入									输　出				
$\overline{ST}$	$\overline{I}_0$	$\overline{I}_1$	$\overline{I}_2$	$\overline{I}_3$	$\overline{I}_4$	$\overline{I}_5$	$\overline{I}_6$	$\overline{I}_7$	$\overline{Y}_{EX}$	Y_S	$\overline{Y}_2$	$\overline{Y}_1$	$\overline{Y}_0$
0	×	×	0	1	1	1	1	1	0	1	1	0	1
0	×	0	1	1	1	1	1	1	0	1	1	1	0
0	0	1	1	1	1	1	1	1	0	1	1	1	1

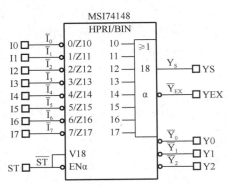

图 5-2　MSI74148 输入输出信号在 Quartus Prime 环境中的命名

在 Quartus Prime 环境中，将 MSI74148 编码器的输入信号分别命名为 I0～I7、ST，将输出信号命名为 Y2～Y0、YEX、YS，如图 5-2 所示。编写测试激励文件，对 MSI74148 进行仿真。

完成仿真后，进行引脚约束，其中 I0、I1、I2、I3、I4、I5、I6、I7、ST 使用拨动开关 SW_0～SW_8 来输入，对应 EP4CE15F23C8N 芯片引脚依次为 W7、Y8、W10、V11、U12、R12、T12、T11、U11，输出 YEX、YS、Y2、Y1、Y0 使用 LED_4～LED_0 来表示，对应 EP4CE15F23C8N 芯片引脚依次为 P4、V4、U7、W6、Y4，如图 5-3 所示。使用 Quartus Prime 环境生成 .sof 文件，并下载到 FPGA 高级开发系统进行板级验证。

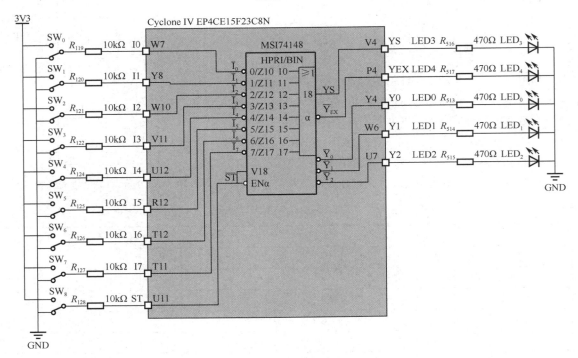

图 5-3　MSI74148 与外部电路连接图

基于原理图的仿真和板级验证完成后，再通过 Verilog HDL 实现 MSI74148，使用

ModelSim 进行仿真，然后生成.sof 文件，并下载到 FPGA 高级开发系统进行板级验证。

5.3　实　验　步　骤

步骤 1：新建原理图工程

首先，将"D:\CycloneIVDigitalTest\Material"文件夹中的 Exp4.1_MSI74148 文件夹复制到"D:\CycloneIVDigitalTest\Product"文件夹中。然后，参考 3.3 节步骤 1，在目录"D:\CycloneIVDigitalTest\Product\Exp4.1_MSI74148\project"中新建工程。

在新建工程的第一步，还需要对顶层文件名进行设置，如图 5-4 所示，将工程名设置为 MSI74148，顶层文件名设置为 MSI74148_top，其余步骤与 3.3 节步骤 1 一致。

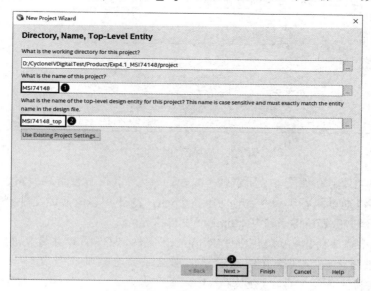

图 5-4　设置工程名和顶层文件名

新建工程后，执行菜单栏命令 Project→Add/Remove Files in Project 为工程添加已有文件，如图 5-5 所示。

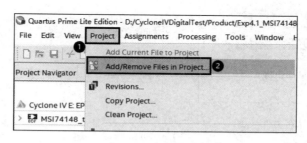

图 5-5　添加已有文件步骤 1

在弹出的对话框中，按照如图 5-6 所示的步骤将"D:\CycloneIVDigitalTest\Product\Exp4.1_MSI74148\code"中提供的.bdf 文件添加到当前工程中。

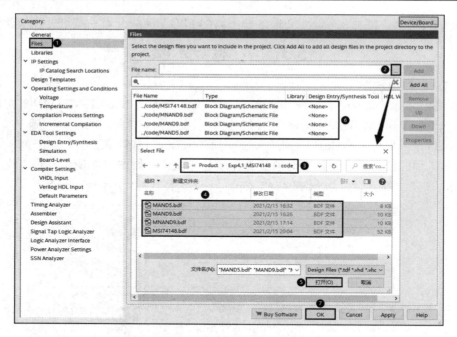

图 5-6　添加已有文件步骤 2

文件成功添加后，在如图 5-7 所示的 Files 窗口中可以双击查看和编辑这些文件。

此外，也可以通过执行菜单栏命令 File→Open，打开并勾选添加文件到工程中。

步骤 2：新建并完善 MSI74148_top.bdf 文件

参考 3.3 节步骤 2 新建名为 MSI74148_top.bdf 文件（原理图），并将其添加到当前工程中。如果在新建工程时未进行顶层文件的设置，那么系统会默认顶层文件与工程同名，即将 MSI74148.bdf 设置为顶层文件，这时就需要对顶层文件重新进行设置，如图 5-8 所示，此时的顶层文件为 MSI74148.bdf，在 Project Navigator 栏下拉选择 Files。

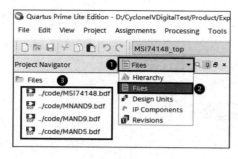

图 5-7　添加已有文件步骤 3

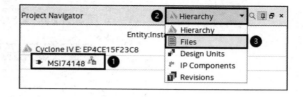

图 5-8　设置顶层文件步骤 1

在如图 5-9 所示的 Files 窗口中右键单击 MSI74148_top.bdf 文件，选择 Set as Top-Level Entity。

设置完成后再切换回 Hierarchy 窗口，可以看到工程的顶层文件已经发生改变，如图 5-10 所示。

打开 MSI74148_top.bdf 文件，单击 ⬠ 按钮添加元件。这里需要添加的元件 MSI74148 是本书自定义的元件，MSI74148.bdf 是它的底层电路图。该元件在"D:\CycloneIVDigitalTest\

Product\Exp4.1_MSI74148\symbol"中已经给出，只需要参照如图 5-11 所示的步骤进行添加即可。

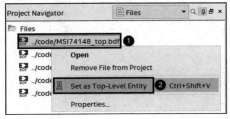

图 5-9 设置顶层文件步骤 2

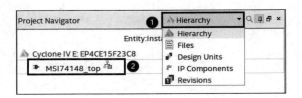

图 5-10 设置顶层文件步骤 3

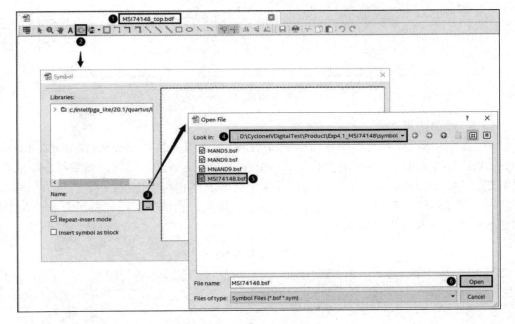

图 5-11 添加自定义元件

添加的 MSI74148 元件如图 5-12 所示，单击 OK 按钮添加到 MSI74148_top.bdf 文件中。

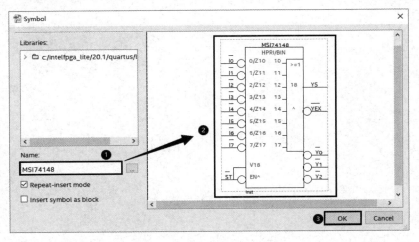

图 5-12 添加 MSI74148

参考图 5-13 所示，给 MSI74148 添加端口号，完善 MSI74148_top.bdf 文件。

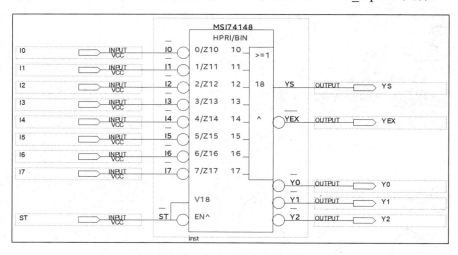

图 5-13　完善 MSI74148_top.bdf 文件

步骤 3：添加仿真文件

参考 3.3 节步骤 8，执行菜单栏命令 File→Open，选择 "D:\CycloneIVDigitalTest\Product\Exp4.1_MSI74148\code" 中的 MSI74148_top_tb.vt，并勾选添加到工程，然后将程序清单 5-1 中的第 23、24、45、46、52 至 90 行代码添加进仿真文件相应的位置。

其中，第 26 行和第 27 行代码用于将有联系的输入、输出分别用矢量组合在一起，便于在仿真中查看输入和输出之间的关系。

程序清单 5-1

```
1.   `timescale 1 ns/ 1 ps
2.   module MSI74148_top_tb();
3.   //constants
4.   //general purpose registers
5.   //reg eachvec;
6.   //test vector input registers
7.   reg I0;
8.   reg I1;
9.   reg I2;
10.  reg I3;
11.  reg I4;
12.  reg I5;
13.  reg I6;
14.  reg I7;
15.  reg ST;
16.  //wires
17.  wire Y0;
18.  wire Y1;
19.  wire Y2;
20.  wire YEX;
21.  wire YS;
22.
23.  reg  [7:0] s_i = 8'd0;
```

```
24.  wire [2:0] s_y;
25.
26.  //assign statements (if any)
27.  MSI74148_top i1 (
28.  //port map - connection between master ports and signals/registers
29.       .I0(I0),
30.       .I1(I1),
31.       .I2(I2),
32.       .I3(I3),
33.       .I4(I4),
34.       .I5(I5),
35.       .I6(I6),
36.       .I7(I7),
37.       .ST(ST),
38.       .Y0(Y0),
39.       .Y1(Y1),
40.       .Y2(Y2),
41.       .YEX(YEX),
42.       .YS(YS)
43.  );
44.
45.  assign s_y = {Y2, Y1, Y0};
46.  assign {I7, I6, I5, I4, I3, I2, I1, I0} = s_i;
47.
48.  initial
49.  begin
50.  //code that executes only once
51.  //insert code here --> begin
52.      s_i <= 8'b1111_1111;
53.      ST  <= 1'b1;
54.      #100;
55.
56.      s_i <= 8'b1111_1111;
57.      ST  <= 1'b0;
58.      #100;
59.
60.      s_i <= 8'b1111_1110;
61.      ST  <= 1'b0;
62.      #100;
63.
64.      s_i <= 8'b1111_1101;
65.      ST  <= 1'b0;
66.      #100;
67.
68.      s_i <= 8'b1111_1011;
69.      ST  <= 1'b0;
70.      #100;
71.
72.      s_i <= 8'b1111_0111;
73.      ST  <= 1'b0;
74.      #100;
75.
76.      s_i <= 8'b1110_1111;
77.      ST  <= 1'b0;
```

```
78.    #100;
79.
80.    s_i <= 8'b1101_1111;
81.    ST  <= 1'b0;
82.    #100;
83.
84.    s_i <= 8'b1011_1111;
85.    ST  <= 1'b0;
86.    #100;
87.
88.    s_i <= 8'b0111_1111;
89.    ST  <= 1'b0;
90.    #100;
91.  //--> end
92.  $display("Running testbench");
93.  end
94.  endmodule
```

完善仿真文件后，参考 3.3 节步骤 8，执行菜单栏命令 Assignments→Settings，将 MSI74148_top_tb.vt 与 ModelSim 进行关联，然后单击 ▶ 按钮编译工程并进行仿真，仿真结果如图 5-14 所示，参考如表 5-1 所示的 MSI74148 真值表，验证仿真结果。

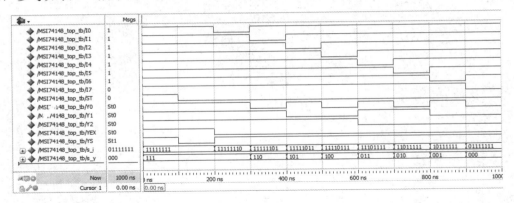

图 5-14   仿真结果

步骤 4：引脚约束

执行菜单栏命令 Assignments→Pin Planner 进行引脚约束，各端口对应引脚及 I/O 电平标准如图 5-15 所示。

Node Name	Direction	Location	I/O Bank	VREF Group	Fitter Location	I/O Standard	Reserved
I0	Input	PIN_W7	3	B3_N1	PIN_W7	3.3-V LVTTL	
I1	Input	PIN_Y8	3	B3_N0	PIN_Y8	3.3-V LVTTL	
I2	Input	PIN_W10	3	B3_N0	PIN_W10	3.3-V LVTTL	
I3	Input	PIN_V11	3	B3_N0	PIN_V11	3.3-V LVTTL	
I4	Input	PIN_U12	4	B4_N1	PIN_U12	3.3-V LVTTL	
I5	Input	PIN_R12	3	B3_N1	PIN_R12	3.3-V LVTTL	
I6	Input	PIN_T12	4	B4_N1	PIN_T12	3.3-V LVTTL	
I7	Input	PIN_T11	3	B3_N0	PIN_T11	3.3-V LVTTL	
ST	Input	PIN_U11	3	B3_N0	PIN_U11	3.3-V LVTTL	
Y0	Output	PIN_Y4	3	B3_N1	PIN_Y4	3.3-V LVTTL	
Y1	Output	PIN_W6	3	B3_N0	PIN_W6	3.3-V LVTTL	
Y2	Output	PIN_U7	3	B3_N1	PIN_U7	3.3-V LVTTL	
YEX	Output	PIN_P4	2	B2_N0	PIN_P4	3.3-V LVTTL	
YS	Output	PIN_V4	2	B2_N1	PIN_V4	3.3-V LVTTL	

图 5-15   引脚约束

引脚约束完成后，参考 3.3 节步骤 9 将空闲引脚设置为高阻态输入，参考 3.3 节步骤 10 编译工程生成.sof 文件，下载到 FPGA 高级开发系统，拨动 SW_0～SW_8，检查 LED_0～LED_4 输出是否与真值表一致。

步骤 5：新建 HDL 工程

首先，将"D:\CycloneIVDigitalTest\Material"文件夹中的 Exp4.2_MSI741488 文件夹复制到"D:\CycloneIVDigitalTest\Product"文件夹中。然后，参考本章步骤 1，在目录"D:\CycloneIVDigitalTest\Product\Exp4.2_MSI741488\project"中新建工程名和顶层文件名均为 MSI74148 的工程。

新建工程后，执行菜单栏命令 File→Open，如图 5-5 所示，将"D:\CycloneIVDigitalTest\Product\ Exp4.2_MSI741488\code"中的 MSI74148.v 文件勾选添加到工程并打开，文件中代码模板已经给出。

步骤 6：完善 MSI74148.v 文件

打开 MSI74148.v 文件编辑界面，将程序清单 5-2 中的代码添加到该文件中。下面对关键语句进行解释。

（1）第 28 至 35 行代码：定义中间信号，用作实现 MSI74148 功能的相关信号。

（2）第 40 至 47 行代码：将输入/输出信号与内部信号相连，实现 MSI74148 的输入/输出。同时，将相关输入信号 I7～I0 与矢量信号 s_input 相连，将相关输出信号 Y2～Y0 与矢量信号 s_output 相连，提高代码的可读性。

（3）第 50 至 69 行代码：使用条件运算符实现 MSI74148 的功能。

程序清单 5-2

```
1.  `timescale 1ns / 1ps
2.
3.  //--------------------------------------------------------------------------
4.  //                            模块定义
5.  //--------------------------------------------------------------------------
6.  module MSI74148(
7.    input  wire I0 , //I0 输入，低电平有效
8.    input  wire I1 , //I1 输入，低电平有效
9.    input  wire I2 , //I2 输入，低电平有效
10.   input  wire I3 , //I3 输入，低电平有效
11.   input  wire I4 , //I4 输入，低电平有效
12.   input  wire I5 , //I5 输入，低电平有效
13.   input  wire I6 , //I6 输入，低电平有效
14.   input  wire I7 , //I7 输入，低电平有效
15.   input  wire ST , //使能输入，低电平有效
16.
17.   output wire Y0 , //Y0 输出，低电平有效
18.   output wire Y1 , //Y0 输出，低电平有效
19.   output wire Y2 , //Y0 输出，低电平有效
20.   output wire YEX, //YEX 输出
21.   output wire YS   //YS 输出
22.
23. );
24.
25. //--------------------------------------------------------------------------
```

```
26.  //                            信号定义
27.  //--------------------------------------------------------------------
28.    //中间信号，与输入相连
29.    wire [7:0] s_input;
30.    wire       s_st_n;
31.
32.    //中间信号，与输出相连
33.    wire [2:0] s_output;
34.    wire       s_yex_n;
35.    wire       s_ys;
36.
37.  //--------------------------------------------------------------------
38.  //                            电路实现
39.  //--------------------------------------------------------------------
40.    //将输入信号并在一起
41.    assign s_input = {I7, I6, I5, I4, I3, I2, I1, I0};
42.    assign s_st_n  = ST;
43.
44.    //输出
45.    assign {Y2, Y1, Y0} = s_output;
46.    assign YEX = s_yex_n;
47.    assign YS  = s_ys;
48.
49.    //编码
50.    assign s_output = (s_st_n      == 1'b1) ? 3'd7 : //st 为 1
51.                      (s_input[7] == 1'b0) ? 3'd0 : //0xxx_xxxx
52.                      (s_input[6] == 1'b0) ? 3'd1 : //10xx_xxxx
53.                      (s_input[5] == 1'b0) ? 3'd2 : //110x_xxxx
54.                      (s_input[4] == 1'b0) ? 3'd3 : //1110_xxxx
55.                      (s_input[3] == 1'b0) ? 3'd4 : //1111_0xxx
56.                      (s_input[2] == 1'b0) ? 3'd5 : //1111_10xx
57.                      (s_input[1] == 1'b0) ? 3'd6 : //1111_110x
58.                      (s_input[0] == 1'b0) ? 3'd7 : //1111_1110
59.                                             3'd7 ; //1111_1111
60.
61.    //yex
62.    assign s_yex_n = (s_st_n == 1'b1           ) ? 1'b1 :
63.                     (s_input == 8'b1111_1111) ? 1'b1 :
64.                                                 1'b0 ;
65.
66.    //ys
67.    assign s_ys = (s_st_n == 1'b1           ) ? 1'b1 :
68.                  (s_input == 8'b1111_1111) ? 1'b0 :
69.                                              1'b1 ;
70.
71.  endmodule
```

完善 MSI74148.v 文件后，先单击 ▶ 按钮编译工程，编译无误后参考 4.3 节步骤 4 使用综合工具查看生成的电路图；然后参考本章 5.3 节步骤 3 和步骤 4 添加并关联仿真文件进行仿真测试，约束引脚并将空余引脚设置为高阻态输入；最后参考 3.3 节步骤 10 编译工程生成.sof 文件，将其下载到 FPGA 高级开发系统，并参考 MSI74148 真值表，验证功能是否正确。

本 章 任 务

【任务 1】　在 Quartus Prime 环境下使用原理图输入设计方法，用两个 MSI74148 和必要的门电路构成一个 10 线-4 线 8421BCD 编码器。编写测试激励文件，对该电路进行仿真；设置引脚约束，其中输入 $\overline{I}_9 \sim \overline{I}_0$ 使用拨动开关，输出 $\overline{Y}_3 \sim \overline{Y}_0$ 使用 LED。在 Quartus Prime 环境下生成 .sof 文件，并下载到 FPGA 高级开发系统进行板级验证。提示：利用选通输入端 $\overline{ST}$。

【任务 2】某医院有 4 间病房，依次为病房 1～病房 4，每间病房都设有呼叫开关，同时，护士值班室对应装有 1～4 号指示灯，在 Quartus Prime 环境下使用原理图输入设计方法，用 MSI74148 和必要的门电路构成一个满足以下需求的电路：① 当病房 1 的呼叫开关按下时，无论其他病房是否按下，只有 1 号指示灯亮；② 当病房 1 的呼叫开关未按下、病房 2 按下时，无论病房 3 和 4 的呼叫开关是否按下，只有 2 号指示灯亮；③ 当病房 1 和 2 的呼叫开关均未按下、病房 3 按下时，无论病房 4 的呼叫开关是否按下，只有 3 号指示灯亮；④ 只有病房 1、2 和 3 的呼叫开关均未按下、病房 4 的呼叫开关按下时，4 号指示灯才亮。编写测试激励文件，对该电路进行仿真；设置引脚约束，其中病房呼叫开关使用拨动开关，指示灯使用 LED。在 Quartus Prime 环境下生成 .sof 文件，并将其下载到 FPGA 高级开发系统进行板级验证。

【任务 3】尝试用 Verilog HDL 实现任务 1 或任务 2 的电路，并进行仿真和板级验证。

本 章 习 题

1. 使用 Verilog HDL 设计 8 线-3 线优先编码器时，能否用 case 语句代替 if-else 语句？

2. 分析 case、casex、casez 语句的区别和联系，试用 casex 语句设计 8 线-3 线优先编码器，编写 Verilog HDL 代码。

第6章 译码器设计

编码是将具有特定意义的信息（如数字和字符等）编成相应的若干位二进制代码的过程，实现编码的电路称为编码器。译码则是与编码相反的过程，即将若干位二进制代码的原意"翻译"出来，还原成具有特定意义的输出信息，实现译码的电路称为译码器。常用的译码器有二进制译码器、二–十进制译码器和数字显示译码器等。

本实验先对 MSI74138 模块进行仿真，然后设置引脚约束，在 FPGA 高级开发系统上进行板级验证；参考 MSI74138 真值表，使用 Verilog HDL 实现该电路，经过仿真测试后，进行板级验证。

6.1　预　备　知　识

（1）二进制译码器。

（2）二–十进制译码器。

（3）显示译码器。

（4）MSI74138 译码器。

6.2　实　验　内　容

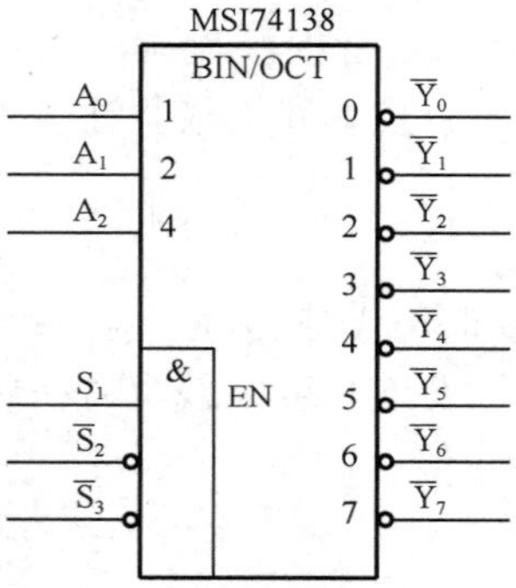

图 6-1　MSI74138 的逻辑符号

MSI74138 是 3 线–8 线二进制译码器，它有 3 个输入和 8 个输出，输入高电平有效，输出低电平有效。MSI74138 有三个使能输入端：S_1、$\overline{S}_2$ 和 $\overline{S}_3$。只有当 $S_1 = 1$ 且 $\overline{S}_2 + \overline{S}_3 = 0$ 时，译码器工作，否则，译码器功能被禁止。MSI74138 的逻辑符号如图 6-1 所示，真值表如表 6-1 所示。

表 6-1　MSI74138 的真值表

S_1	$\overline{S}_2 + \overline{S}_3$	A_2	A_1	A_0	$\overline{Y}_0$	$\overline{Y}_1$	$\overline{Y}_2$	$\overline{Y}_3$	$\overline{Y}_4$	$\overline{Y}_5$	$\overline{Y}_6$	$\overline{Y}_7$
0	×	×	×	×	1	1	1	1	1	1	1	1
×	1	×	×	×	1	1	1	1	1	1	1	1
1	0	0	0	0	0	1	1	1	1	1	1	1
1	0	0	0	1	1	0	1	1	1	1	1	1
1	0	0	1	0	1	1	0	1	1	1	1	1
1	0	0	1	1	1	1	1	0	1	1	1	1
1	0	1	0	0	1	1	1	1	0	1	1	1
1	0	1	0	1	1	1	1	1	1	0	1	1
1	0	1	1	0	1	1	1	1	1	1	0	1
1	0	1	1	1	1	1	1	1	1	1	1	0

在 Quartus Prime 环境中，将 MSI74138 译码器的输入信号命名为 A0～A2、S1～S3，将输出信号命名为 Y0～Y7，如图 6-2 所示。编写测试激励文件，对 MSI74138 进行仿真。

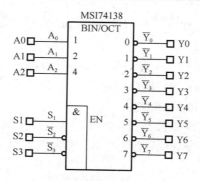

图 6-2 MSI74138 输入/输出信号在 Quartus Prime 环境中的命名

完成仿真后，进行引脚约束，其中 A0、A1、A2、S1、S2、S3 使用拨动开关 SW$_0$～SW$_5$ 输入，对应 EP4CE15F23C8N 芯片引脚依次为 W7、Y8、W10、V11、U12、R12，输出 Y0～Y7 使用 LED$_0$～LED$_7$ 表示，对应 EP4CE15F23C8N 芯片引脚依次为 Y4、W6、U7、V4、P4、T3、M4、N5，如图 6-3 所示。使用 Quartus Prime 环境生成 .sof 文件，并下载到 FPGA 高级开发系统进行板级验证。

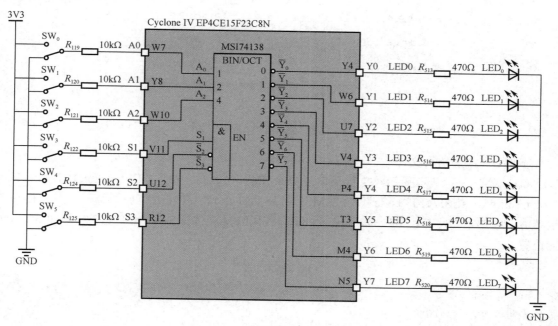

图 6-3 MSI74138 与外部电路连接图

基于原理图的仿真和板级验证完成后，通过 Verilog HDL 实现 MSI74138，使用 ModelSim 进行仿真，然后生成 .sof 文件，并下载到 FPGA 高级开发系统进行板级验证。

6.3 实 验 步 骤

步骤 1：新建原理图工程

首先，将"D:\CycloneIVDigitalTest\Material"文件夹中的 Exp5.1_MSI74138 文件夹复制到"D:\CycloneIVDigitalTest\Product"文件夹中。然后，参考 5.3 节步骤 1，在目录

"D:\CycloneIVDigitalTest\Product\Exp5.1_MSI74138\project" 中新建工程名为 MSI74138、顶层文件名为 MSI74138_top 的工程。

新建工程后，参考 5.3 节步骤 1，将 "D:\CycloneIVDigitalTest\Product\Exp5.1_MSI74138\code" 中的 MSI74138.bdf 和 MSI74138_top.bdf 文件添加到工程中。

步骤 2：完善 MSI74138_top.bdf 文件

打开 MSI74138_top.bdf 文件编辑界面，参考图 6-4 完善 MSI74138_top.bdf 文件，其中的元件 MSI74138.dsf 在本实验的 symbol 文件夹中，参考图 5-11 添加即可。

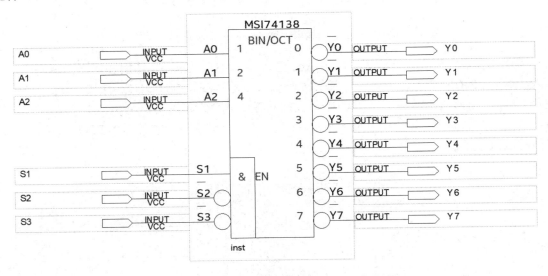

图 6-4　完善 MSI74138_top.bdf 文件

步骤 3：添加仿真文件

首先参考 3.3 节步骤 8，执行菜单栏命令 File→Open，选择 "D:\CycloneIVDigitalTest\Product\Exp5.1_MSI74138\code" 中的 MSI74138_top_tb.vt，并勾选添加到工程；然后将程序清单 6-1 中的第 23、24、46、47、53 至 84 行代码添加进仿真文件 MSI74138_top_tb.vt 相应的位置。

程序清单 6-1

```
1.   `timescale 1 ns/ 1 ps
2.   module MSI74138_top_tb();
3.   //constants
4.   //general purpose registers
5.   //reg eachvec;
6.   //test vector input registers
7.   reg A0;
8.   reg A1;
9.   reg A2;
10.  reg S1;
11.  reg S2;
12.  reg S3;
13.  //wires
14.  wire Y0;
15.  wire Y1;
```

```
16.  wire Y2;
17.  wire Y3;
18.  wire Y4;
19.  wire Y5;
20.  wire Y6;
21.  wire Y7;
22.
23.  reg  [2:0] s_a = 3'd0;
24.  wire [7:0] s_y;
25.
26.
27.  //assign statements (if any)
28.  MSI74138_top i1 (
29.  //port map - connection between master ports and signals/registers
30.       .A0(A0),
31.       .A1(A1),
32.       .A2(A2),
33.       .S1(S1),
34.       .S2(S2),
35.       .S3(S3),
36.       .Y0(Y0),
37.       .Y1(Y1),
38.       .Y2(Y2),
39.       .Y3(Y3),
40.       .Y4(Y4),
41.       .Y5(Y5),
42.       .Y6(Y6),
43.       .Y7(Y7)
44.  );
45.
46.  assign s_y = {Y7, Y6, Y5, Y4, Y3, Y2, Y1, Y0};
47.  assign {A2, A1, A0} = s_a;
48.
49.  initial
50.  begin
51.  //code that executes only once
52.  //insert code here --> begin
53.    s_a <= 3'd0;
54.    S1  <= 1'b0;
55.    S2  <= 1'b1;
56.    S3  <= 1'b1;
57.    #100;
58.
59.    s_a <= 3'd0;
60.    S1  <= 1'b1;
61.    S2  <= 1'b0;
62.    S3  <= 1'b0;
63.    #100;
64.
65.    s_a <= 3'd1;
66.    #100;
67.
```

```
68.    s_a <= 3'd2;
69.    #100;
70.
71.    s_a <= 3'd3;
72.    #100;
73.
74.    s_a <= 3'd4;
75.    #100;
76.
77.    s_a <= 3'd5;
78.    #100;
79.
80.    s_a <= 3'd6;
81.    #100;
82.
83.    s_a <= 3'd7;
84.    #100;
85. //--> end
86.    $display("Finished testbench");
87. end
88.
89. endmodule
```

完善仿真文件后，参考 3.3 节步骤 8 执行菜单栏命令 Assignments→Settings，将 MSI74138_top_tb.vt 与 ModelSim 进行关联，然后单击 ▶ 按钮编译工程并进行仿真，仿真结果如图 6-5 所示，参考如表 6-1 所示的 MSI74138 真值表，验证仿真结果。

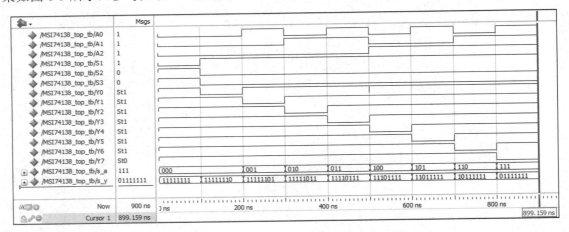

图 6-5　仿真结果

步骤 4：引脚约束

执行菜单栏命令 Assignments→Pin Planner 进行引脚约束，各端口对应引脚及 I/O 电平标准如图 6-6 所示。

引脚约束完成后参考 3.3 节步骤 9 将空闲引脚设置为高阻态输入，最后参考 3.3 节步骤 10 编译工程生成.sof 文件，下载到 FPGA 高级开发系统上，拨动 $SW_0 \sim SW_5$，检查 $LED_0 \sim LED_7$ 输出是否与真值表一致。

Node Name	Direction	Location	I/O Bank	VREF Group	Fitter Location	I/O Standard	Reserved
in A0	Input	① PIN_W7	3	B3_N1	② PIN_V7	3.3-V LVTTL	
in A1	Input	PIN_Y8	3	B3_N0	PIN_AA4	3.3-V LVTTL	
in A2	Input	PIN_W10	3	B3_N0	PIN_AB3	3.3-V LVTTL	
in S1	Input	PIN_V11	3	B3_N0	PIN_AB4	3.3-V LVTTL	
in S2	Input	PIN_U12	4	B4_N1	PIN_U7	3.3-V LVTTL	
in S3	Input	PIN_R12	3	B3_N1	PIN_V5	3.3-V LVTTL	
out Y0	Output	PIN_Y4	3	B3_N1	PIN_R12	3.3-V LVTTL	
out Y1	Output	PIN_W6	3	B3_N1	PIN_Y4	3.3-V LVTTL	
out Y2	Output	PIN_U7	3	B3_N1	PIN_AA3	3.3-V LVTTL	
out Y3	Output	PIN_V4	2	B2_N1	PIN_AA5	3.3-V LVTTL	
out Y4	Output	PIN_P4	2	B2_N0	PIN_U8	3.3-V LVTTL	
out Y5	Output	PIN_T3	2	B2_N1	PIN_Y3	3.3-V LVTTL	
out Y6	Output	PIN_M4	2	B2_N0	PIN_W6	3.3-V LVTTL	
out Y7	Output	PIN_N5	2	B2_N0	PIN_Y6	3.3-V LVTTL	

图 6-6　引脚约束

步骤 5：新建 HDL 工程

首先，将"D:\CycloneIVDigitalTest\Material"文件夹中的 Exp5.2_MSI74138 文件夹复制到"D:\CycloneIVDigitalTest\Product"文件夹中。然后，参考 5.3 节步骤 1，在目录"D:\CycloneIVDigitalTest\Product\Exp5.2_MSI74138\project"中新建工程名和顶层文件名均为 MSI74138 的工程。

新建工程后，参考 5.3 节步骤 1，将"D:\CycloneIVDigitalTest\Product\Exp5.2_MSI74138\code"中的 MSI74138.v 文件添加到工程中，文件中代码模板已经给出。

步骤 6：完善 MSI74138.v 文件

打开 MSI74138.v 文件编辑界面，将程序清单 6-2 中的代码添加到 MSI74138.v 文件中。

程序清单 6-2

```
1.  `timescale 1ns / 1ps
2.
3.  //-----------------------------------------------------------------------------
4.  //                              模块定义
5.  //-----------------------------------------------------------------------------
6.  module MSI74138(
7.    input  wire A0, //A0 输入
8.    input  wire A1, //A1 输入
9.    input  wire A2, //A2 输入
10.
11.   input  wire S1, //S1 输入
12.   input  wire S2, //S2 输入
13.   input  wire S3, //S3 输入
14.
15.   output wire Y0, //Y0 输出，低电平有效
16.   output wire Y1, //Y1 输出，低电平有效
17.   output wire Y2, //Y2 输出，低电平有效
18.   output wire Y3, //Y3 输出，低电平有效
19.   output wire Y4, //Y4 输出，低电平有效
20.   output wire Y5, //Y5 输出，低电平有效
21.   output wire Y6, //Y6 输出，低电平有效
22.   output wire Y7  //Y7 输出，低电平有效
23. );
24.
```

```
25.  //--------------------------------------------------------------------
26.  //                              信号定义
27.  //--------------------------------------------------------------------
28.     //中间信号，与输入相连
29.     wire [3:0] s_input;
30.     wire       s_s1;
31.     wire       s_s2;
32.     wire       s_s3;
33.
34.     //中间信号，与输出相连
35.     wire [7:0] s_output;
36.
37.  //--------------------------------------------------------------------
38.  //                              电路实现
39.  //--------------------------------------------------------------------
40.     //将输入信号并在一起
41.     assign s_input = {A2, A1, A0};
42.     assign s_s1 = S1;
43.     assign s_s2 = S2;
44.     assign s_s3 = S3;
45.
46.     //输出
47.     assign {Y7, Y6, Y5, Y4, Y3, Y2, Y1, Y0} = s_output;
48.
49.     //译码
50.     assign s_output = (s_s1    == 1'b0) ? 8'b1111_1111 :
51.                       (s_s2    == 1'b1) ? 8'b1111_1111 :
52.                       (s_s3    == 1'b1) ? 8'b1111_1111 :
53.                       (s_input == 3'd0) ? 8'b1111_1110 :
54.                       (s_input == 3'd1) ? 8'b1111_1101 :
55.                       (s_input == 3'd2) ? 8'b1111_1011 :
56.                       (s_input == 3'd3) ? 8'b1111_0111 :
57.                       (s_input == 3'd4) ? 8'b1110_1111 :
58.                       (s_input == 3'd5) ? 8'b1101_1111 :
59.                       (s_input == 3'd6) ? 8'b1011_1111 :
60.                       (s_input == 3'd7) ? 8'b0111_1111 :
61.                                           8'b1111_1111 ;
62.
63.  endmodule
```

完善 MSI74138.v 文件后，先单击 ▶ 按钮编译工程，编译无误后参考 4.3 节步骤 4 使用综合工具查看生成的电路图；然后参考本章 6.3 节步骤 3 和步骤 4 添加并关联仿真文件进行仿真测试，约束引脚并将空余引脚设置为高阻态输入；最后参考 3.3 节步骤 10 编译工程生成.sof 文件，将其下载到 FPGA 高级开发系统，并参考 MSI74138 真值表，验证功能是否正确。

本 章 任 务

【任务 1】 在 Quartus Prime 环境下使用原理图设计输入，用 MSI74138 和必要的门电路实现逻辑函数 $F = \overline{A}B\overline{C} + A\overline{B}\overline{C} + AB\overline{C} + ABC$。编写测试激励文件，对该电路进行仿真；设置引脚约束，其中输入 A、B、C 使用拨动开关，输出 F 使用 LED。在 Quartus Prime 环境中生

成.sof 文件，并下载到 FPGA 高级开发系统进行板级验证。

【任务 2】在 Quartus Prime 环境中使用 Verilog HDL 实现 BCD 七段显示译码器，并编写测试激励文件，对该译码器进行仿真；设置引脚约束，其中输入 A0～A3 使用拨动开关，输出 Ya～Yg 使用七段数码管的 SEGA～SEGG。在 Quartus Prime 环境中生成.sof 文件，并下载到 FPGA 高级开发系统进行板级验证。提示：通过 FPGA 将七段数码管的 SEL7～SEL0 设置为高电平，以确保 8 个数码管同时显示；将 SEGDP 设置为高电平，以确保小数点熄灭。

本 章 习 题

1. 利用第 5 章实验设计的 MSI74148 编码器和本章任务 2 设计的七段显示译码器，采用原理图和 HDL 混合输入方式实现以下功能：当 MSI74148 编码器有编码输入请求时，七段数码管显示该编码输入的按键编码。

2. 试用译码器实现简易电子锁功能。密码锁有 A、B、C 三个按键，当 A、B、C 三个按键同时按下时，可以开锁；当 A、B、C 三个按键都不按下时，既不开锁，也不报警；正常开锁时不报警，其他按键操作报警。规定：按下按键用 1 表示，未按下按键用 0 表示；开锁和报警分别用两种输出（指示）信号：开锁用 Z1=1 表示，否则 Z1=0；报警用 Z2=1 表示，否则 Z2=0。

第7章 加法器设计

加法器是进行算术运算的基本单元电路。在计算机中，加、减、乘、除运算都是转换为若干步加法运算实现的。加法器又分为 1 位加法器和多位加法器。本实验先对 MSI74283 模块进行仿真，然后设置引脚约束，在 FPGA 高级开发系统上进行板级验证；再参考 MSI74283 内部电路，使用 Verilog HDL 实现该电路，经过仿真测试后，进行板级验证。

7.1 预备知识

（1）1 位半加器。
（2）1 位全加器。
（3）串行进位加法器。
（4）超前进位加法器。
（5）MSI74283 加法器。

7.2 实验内容

MSI74283 是 4 位超前进位加法器，A（$A_3 \sim A_0$）、B（$B_3 \sim B_0$）分别是两个 4 位的加数，S（$S_3 \sim S_0$）是运算的结果和，C_I 是进位输入，C_O 是进位输出，其逻辑符号如图 7-1 所示。

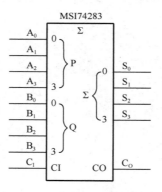

图 7-1 MSI74283 的逻辑符号

在 Quartus Prime 环境中，将 MSI74283 加法器的输入信号命名为 A0～A3、B0～B3、CI，将输出信号命名为 S0～S3、CO，如图 7-2 所示。编写测试激励文件，对 MSI74283 进行仿真。

完成仿真后，进行引脚约束，其中 A0～A3、B0～B3、CI 使用拨动开关 $SW_0 \sim SW_8$ 来输入，对应 EP4CE15F23C8N 芯片引脚依次为 W7、Y8、W10、V11、U12、R12、T12、T11、U11，输出 S0～S3、CO 使用 $LED_0 \sim LED_4$ 来表示，对应 EP4CE15F23C8N 芯片引脚依次为 Y4、W6、U7、V4、P4，如图 7-3 所示。使用 Quartus Prime 环境生成 .sof 文件，并下载到 FPGA 高级开发系统进行板级验证。

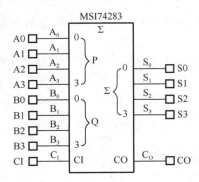

图 7-2　MSI74283 输入/输出信号在 Quartus Prime 环境中的命名

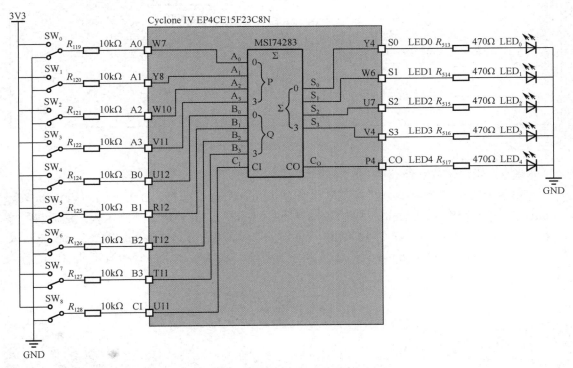

图 7-3　MSI74283 与外部电路连接图

基于原理图的仿真和板级验证完成后，再通过 Verilog HDL 实现 MSI74283，使用 ModelSim 进行仿真，然后生成.sof 文件，并下载到 FPGA 高级开发系统进行板级验证。

7.3　实　验　步　骤

步骤 1：新建原理图工程

首先，将"D:\CycloneIVDigitalTest\Material"文件夹中的 Exp6.1_MSI74283 文件夹复制到"D:\CycloneIVDigitalTest\Product"文件夹中。然后，参考 5.3 节步骤 1，在目录"D:\CycloneIVDigitalTest\Product\Exp6.1_MSI74283\project"中新建工程名为 MSI74283、顶层文件名为 MSI74283_top 的工程。

新建工程后，参考 5.3 节步骤 1，将"D:\CycloneIVDigitalTest\Product\Exp6.1_MSI74283\

code"中的 MAND5.bdf、MOR5.bdf、MSI74283.bdf 和 MSI74283_top.bdf 文件添加到工程中。

　　步骤 2：完善 MSI74283_top.bdf 文件

　　打开 MSI74283_top.bdf 文件编辑界面，参考图 7-4 完善 MSI74283_top.bdf 文件，其中的元件 MSI74283.dsf 在本实验的 symbol 文件夹中，参考图 5-11 添加即可。

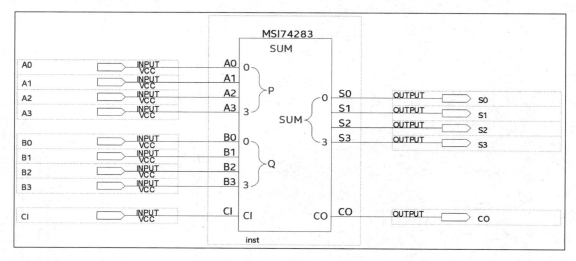

图 7-4　完善 MSI74283_top.bdf 文件

　　步骤 3：添加仿真文件

　　首先参考 3.3 节步骤 8，执行菜单栏命令 File→Open，选择"D:\CycloneIVDigitalTest\Product\ Exp6.1_MSI74283\code"中的 MSI74283_top_tb.vt，并勾选添加到工程；然后将程序清单 7-1 中的第 23 至 26、47 至 50 和 54 至 64 行代码添加进仿真文件 MSI74283_top_tb.vt 相应的位置。其中，第 54 至 64 行代码在仿真中列举了 s_a、s_b 和 s_ci 为所有可能值时的输入情况。

程序清单 7-1

```
1.   `timescale 1 ns/ 1 ps
2.   module MSI74283_top_tb();
3.   //constants
4.   //general purpose registers
5.   //reg eachvec;
6.   //test vector input registers
7.   reg A0;
8.   reg A1;
9.   reg A2;
10.  reg A3;
11.  reg B0;
12.  reg B1;
13.  reg B2;
14.  reg B3;
15.  reg CI;
16.  //wires
17.  wire CO;
18.  wire S0;
```

```
19.  wire S1;
20.  wire S2;
21.  wire S3;
22.
23.  reg  [3:0] s_a = 4'd0;
24.  reg  [3:0] s_b = 4'd0;
25.  wire [3:0] s_s;
26.  reg        s_ci = 1'b0;
27.
28.  //assign statements (if any)
29.  MSI74283_top i1 (
30.  //port map - connection between master ports and signals/registers
31.      .A0(A0),
32.      .A1(A1),
33.      .A2(A2),
34.      .A3(A3),
35.      .B0(B0),
36.      .B1(B1),
37.      .B2(B2),
38.      .B3(B3),
39.      .CI(CI),
40.      .CO(CO),
41.      .S0(S0),
42.      .S1(S1),
43.      .S2(S2),
44.      .S3(S3)
45.  );
46.
47.  assign {A3, A2, A1, A0} = s_a;
48.  assign {B3, B2, B1, B0} = s_b;
49.  assign s_s = {S3, S2, S1, S0};
50.  assign CI  = s_ci;
51.
52.  always
53.  begin
54.    s_b <= s_b + 4'd1;
55.
56.    if(s_b == 4'b1111) begin
57.      s_a <= s_a + 4'd1;
58.
59.      if(s_a == 4'd1111) begin
60.        s_ci <= !s_ci;
61.      end
62.    end
63.
64.    #100;
65.
66.  end
67.  endmodule
```

　　完善仿真文件后，参考 3.3 节步骤 8 执行菜单栏命令 Assignments→Settings，将 MSI74283_top_tb.vt 与 ModelSim 进行关联，然后单击 ▶ 按钮编译工程并进行仿真，仿真结果如图 7-5 所示，根据 MSI74283 加法器的功能，验证仿真结果。注意，因为仿真所测试的数据比较多，直接单击 🔍 按钮查看完整波形可能会太过密集，可以使用放大 🔍 和缩小 🔍 工具来获得更好的波形显示效果，图 7-5 即放大后部分仿真的结果。

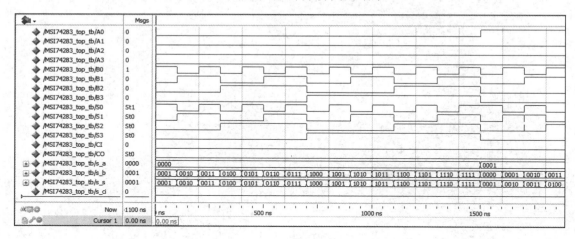

图 7-5　仿真结果

步骤 4：引脚约束

执行菜单栏命令 Assignments→Pin Planner 进行引脚约束，各端口对应引脚及 I/O 电平标准如图 7-6 所示。

Node Name	Direction	Location	I/O Bank	VREF Group	Fitter Location	I/O Standard	Reserved
A0	Input	PIN_W7	3	B3_N1	PIN_M5	3.3-V LVTTL	
A1	Input	PIN_Y8	3	B3_N0	PIN_P1	3.3-V LVTTL	
A2	Input	PIN_W10	3	B3_N0	PIN_P4	3.3-V LVTTL	
A3	Input	PIN_V11	3	B3_N0	PIN_R2	3.3-V LVTTL	
B0	Input	PIN_U12	4	B4_N0	PIN_M3	3.3-V LVTTL	
B1	Input	PIN_R12	3	B3_N1	PIN_N2	3.3-V LVTTL	
B2	Input	PIN_T12	4	B4_N1	PIN_P2	3.3-V LVTTL	
B3	Input	PIN_T11	3	B3_N0	PIN_L7	3.3-V LVTTL	
CI	Input	PIN_U11	3	B3_N0	PIN_N1	3.3-V LVTTL	
CO	Output	PIN_P4	2	B2_N0	PIN_N5	3.3-V LVTTL	
S0	Output	PIN_Y4	3	B3_N1	PIN_P3	3.3-V LVTTL	
S1	Output	PIN_W6	3	B3_N1	PIN_V2	3.3-V LVTTL	
S2	Output	PIN_U7	3	B3_N1	PIN_M4	3.3-V LVTTL	
S3	Output	PIN_V4	2	B2_N1	PIN_R1	3.3-V LVTTL	

图 7-6　引脚约束

引脚约束完成后，参考 3.3 节步骤 9 将空闲引脚设置为高阻态输入，参考 3.3 节步骤 10 编译工程生成.sof 文件，下载到 FPGA 高级开发系统上，拨动 $SW_0 \sim SW_8$，检查 $LED_0 \sim LED_4$ 输出是否与 MSI74283 加法器一致。

步骤 5：新建 HDL 工程

首先，将"D:\CycloneIVDigitalTest\Material"文件夹中的 Exp6.2_MSI74283 文件夹复制到"D:\CycloneIVDigitalTest\Product"文件夹中。然后，参考 5.3 节步骤 1，在目录"D:\CycloneIVDigitalTest\Product\Exp6.2_MSI74283\project"中新建工程名和顶层文件名均为 MSI74283 的工程。

新建工程后，参考 5.3 节步骤 1，将"D:\CycloneIVDigitalTest\Product\Exp6.2_MSI74283\

code"中的 MSI74283.v 文件添加到工程中，文件中代码模板已经给出。

步骤 6：完善 MSI74283.v 文件

打开 MSI74283.v 文件编辑界面，将程序清单 7-2 中的代码添加到 MSI74283.v 文件中。

程序清单 7-2

```
1.   `timescale 1ns / 1ps
2.
3.   //----------------------------------------------------------------
4.   //                          模块定义
5.   //----------------------------------------------------------------
6.   module MSI74283(
7.     input   wire A0, //A0 输入
8.     input   wire A1, //A1 输入
9.     input   wire A2, //A2 输入
10.    input   wire A3, //A3 输入
11.
12.    input   wire B0, //B0 输入
13.    input   wire B1, //B1 输入
14.    input   wire B2, //B2 输入
15.    input   wire B3, //B3 输入
16.
17.    input   wire CI, //进位输入
18.
19.    output wire S0, //S0 输出
20.    output wire S1, //S1 输出
21.    output wire S2, //S2 输出
22.    output wire S3, //S3 输出
23.
24.    output wire CO  //进位输出
25.  );
26.
27.  //----------------------------------------------------------------
28.  //                          信号定义
29.  //----------------------------------------------------------------
30.
31.    //中间信号，与输入相连
32.    wire [3:0] s_a;
33.    wire [3:0] s_b;
34.    wire       s_cin;
35.
36.    //中间信号，与输出相连
37.    wire [3:0] s_sum;
38.    wire       s_cout;
39.
40.    //中间信号
41.    wire [3:0] s_g; //s_a & s_b
42.    wire [3:0] s_p; //s_a | s_b
43.    wire [2:0] s_c; //率先求出的进位
44.
45.  //----------------------------------------------------------------
46.  //                          电路实现
```

```
47.  //--------------------------------------------------------------------------
48.
49.      //将输入信号并在一起
50.      assign s_a = {A3, A2, A1, A0};
51.      assign s_b = {B3, B2, B1, B0};
52.      assign s_cin = CI;
53.
54.      //输出
55.      assign {S3, S2, S1, S0} = s_sum;
56.      assign CO = s_cout;
57.
58.      //求进位
59.      assign s_g    = s_a & s_b;
60.      assign s_p    = s_a | s_b;
61.      assign s_c[0] = s_g[0] | (s_p[0] & s_cin);
62.      assign s_c[1] = s_g[1] | (s_p[1] & s_g[0]) | (s_p[1] & s_p[0] & s_cin);
63.      assign s_c[2] = s_g[2] | (s_p[2] & s_g[1]) | (s_p[2] & s_p[1] & s_g[0]) | (s_p[2] & s_p[1]
& s_p[0] & s_cin);
64.      assign s_cout = s_g[3] | (s_p[3] & s_g[2]) | (s_p[3] & s_p[2] & s_g[1]) | (s_p[3] & s_p[2]
& s_p[1] & s_g[0]) | (s_p[3] & s_p[2] & s_p[1] & s_p[0] & s_cin);
65.
66.      //求和
67.      assign s_sum[0] = s_a[0] ^ s_b[0] ^ s_cin;
68.      assign s_sum[1] = s_a[1] ^ s_b[1] ^ s_c[0];
69.      assign s_sum[2] = s_a[2] ^ s_b[2] ^ s_c[1];
70.      assign s_sum[3] = s_a[3] ^ s_b[3] ^ s_c[2];
71.
72.  endmodule
```

完善 MSI74283.v 文件之后，先单击 ▶ 按钮编译工程，编译无误后参考 4.3 节步骤 4 使用综合工具查看生成的电路图；然后参考本章 7.3 节步骤 3 和步骤 4 添加并关联仿真文件进行仿真测试，约束引脚并将空余引脚设置为高阻态输入；最后参考 3.3 节步骤 10 编译工程生成.sof 文件，将其下载到 FPGA 高级开发系统，并参考 MSI74283 真值表，验证功能是否正确。

本 章 任 务

【任务1】 在 Quartus Prime 环境中，使用原理图设计输入，用 MSI74283 4 位加法器和必要的门电路设计一个 4 位二进制减法电路。编写测试激励文件，对该电路进行仿真；设置引脚约束，其中输入使用拨动开关，计算结果用 LED 显示。在 Quartus Prime 环境中生成.sof 文件，并下载到 FPGA 高级开发系统进行板级验证。

【任务2】 在 Quartus Prime 环境中，使用 Verilog HDL 设计一个 2 位二进制减法电路。编写测试激励文件，对该电路进行仿真；设置引脚约束，其中输入使用拨动开关，计算结果用 LED 显示。在 Quartus Prime 环境中生成.sof 文件，并下载到 FPGA 高级开发系统进行板级验证。

本 章 习 题

1. 用 4 位加法器 MSI74283 和必要门电路实现可控代码转换电路，当控制信号 X=0 时，将 8421BCD 码转换为余 3 码；当 X=1 时，将余 3 码转换为 8421BCD 码。

2. 计算机 CPU 的算术运算单元的核心电路是加法器，分析其如何实现各种算术运算。

第8章 比较器设计

比较器也称为数据比较器，它实现两个数据大小的比较，并给出比较结果的逻辑电路，比较器又分为 1 位比较器和多位比较器。本实验先对 MSI7485 模块进行仿真，然后设置引脚约束，在 FPGA 高级开发系统上进行板级验证；再参考 MSI7485 真值表，使用 Verilog HDL 实现该电路，经过仿真测试后，进行板级验证。

8.1 预 备 知 识

（1）1 位比较器。
（2）多位比较器。
（3）MSI7485 比较器。
（4）5421BCD 码。
（5）8421BCD 码。

8.2 实 验 内 容

MSI7485 是 4 位比较器，其逻辑符号如图 8-1 所示，真值表如表 8-1 所示。a > b、a = b、a < b 是为了在用 MSI7485 扩展构造 4 位以上的比较器时，输入低位的比较结果而设的 3 个级联输入端。由真值表可以看出，只要两数高位不等，就可以确定两数的大小，以下各位（包括级联输入）可以为任意值；高位相等时，需要比较低位。本级两个 4 位数相等时，需要比较低级位，此时要将低级的比较输出端接到高级的级联输入端上。最低一级比较器的 a > b、a = b、a < b 级联输入端必须分别接 0、1、0。

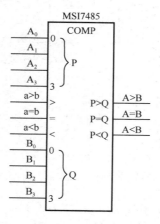

图 8-1　MSI7485 的逻辑符号

表 8-1　MSI7485 的真值表

数 码 输 入				级 联 输 入			输　　出		
A_3B_3	A_2B_2	A_1B_1	A_0B_0	$a > b$	$a = b$	$a < b$	$A > B$	$A = B$	$A < B$
$A_3 > B_3$	×	×	×	×	×	×	1	0	0
$A_3 < B_3$	×	×	×	×	×	×	0	0	1
$A_3 = B_3$	$A_2 > B_2$	×	×	×	×	×	1	0	0
$A_3 = B_3$	$A_2 < B_2$	×	×	×	×	×	0	0	1
$A_3 = B_3$	$A_2 = B_2$	$A_1 > B_1$	×	×	×	×	1	0	0
$A_3 = B_3$	$A_2 = B_2$	$A_1 < B_1$	×	×	×	×	0	0	1
$A_3 = B_3$	$A_2 = B_2$	$A_1 = B_1$	$A_0 > B_0$	×	×	×	1	0	0
$A_3 = B_3$	$A_2 = B_2$	$A_1 = B_1$	$A_0 < B_0$	×	×	×	0	0	1
$A_3 = B_3$	$A_2 = B_2$	$A_1 = B_1$	$A_0 = B_0$	1	0	0	1	0	0
$A_3 = B_3$	$A_2 = B_2$	$A_1 = B_1$	$A_0 = B_0$	0	1	0	0	1	0
$A_3 = B_3$	$A_2 = B_2$	$A_1 = B_1$	$A_0 = B_0$	0	0	1	0	0	1

在 Quartus Prime 环境中,将 MSI7485 比较器的输入信号命名为 A0～A3、IAGTB、IAEQB、IALTB、B0～B3,将输出信号命名为 QAGTB、QAEQB、QALTB,如图 8-2 所示。编写测试激励文件,对 MSI7485 进行仿真。

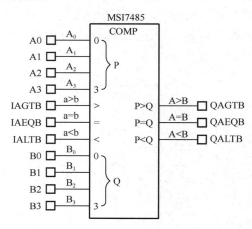

图 8-2　MSI7485 输入/输出信号在 Quartus Prime 环境中的命名

完成仿真后,进行引脚约束,其中 A0～A3、IAGTB、IAEQB、IALTB、B0～B3 使用拨动开关 SW_0～SW_{10} 来输入,对应 EP4CE15F23C8N 芯片引脚依次为 W7、Y8、W10、V11、U12、R12、T12、T11、U11、Y10、V9,输出 QAGTB、QAEQB、QALTB 使用 LED_2～LED_0 来表示,对应 EP4CE15F23C8N 芯片引脚依次为 U7、W6、Y4,如图 8-3 所示。使用 Quartus Prime 环境生成.sof 文件,并下载到 FPGA 高级开发系统进行板级验证。

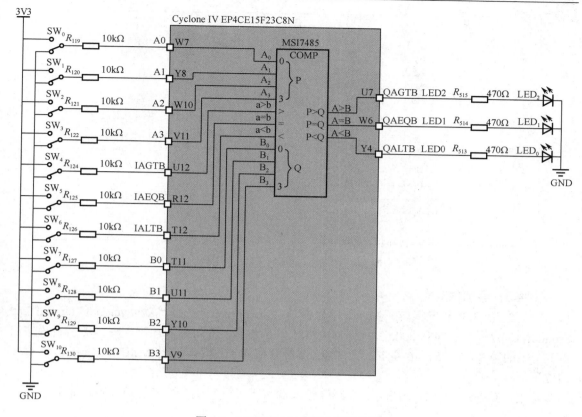

图 8-3　MSI7485 与外部电路连接图

基于原理图的仿真和板级验证完成后，先通过 Verilog HDL 实现 MSI7485，使用 ModelSim 进行仿真，然后生成.sof 文件，并下载到 FPGA 高级开发系统进行板级验证。

8.3　实　验　步　骤

步骤 1：新建原理图工程

首先，将"D:\CycloneIVDigitalTest\Material"文件夹中的 Exp7.1_MSI7485 文件夹复制到"D:\CycloneIVDigitalTest\Product"文件夹中。然后，参考 5.3 节步骤 1，在目录"D:\Cyclone IVDigitalTest\Product\Exp7.1_MSI7485\project"中新建工程名为 MSI7485、顶层文件名为 MSI7485_top 的工程。

新建工程后，参考 5.3 节步骤 1，将"D:\CycloneIVDigitalTest\Product\Exp7.1_MSI7485\ code"中的 MAND5.bdf、MSI7485.bdf 和 MSI7485_top.bdf 文件添加到工程中。

步骤 2：完善 MSI7485_top.bdf 文件

打开 MSI7485_top.bdf 文件编辑界面，参考图 8-4 完善 MSI7485_top.bdf 文件，其中的元件 MSI7485.dsf 在本实验的 symbol 文件夹中，参考图 5-11 添加即可。

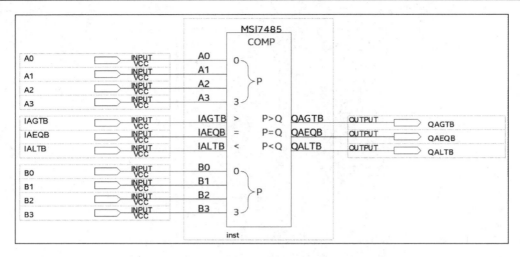

图 8-4　完善 MSI7485_top.bdf 文件

步骤 3：添加仿真文件

首先参考 3.3 节步骤 8，执行菜单栏命令 File→Open，选择"D:\CycloneIVDigitalTest\Product\ Exp7.1_MSI7485\code"中的 MSI7485_top_tb.vt，并勾选添加到工程；然后将程序清单 8-1 中的第 23 至 25、46 至 52 和 56 至 62 行代码添加进仿真文件 MSI7485_top_tb.vt 相应的位置。

其中，第 50 至 52 行代码给 3 个级联输入端赋予了恒定值，即使能级联输入 a=b。

程序清单 8-1

```
1.   `timescale 1 ns/ 1 ps
2.   module MSI7485_top_tb();
3.   //constants
4.   //general purpose registers
5.   //reg eachvec;
6.   //test vector input registers
7.   reg A0;
8.   reg A1;
9.   reg A2;
10.  reg A3;
11.  reg B0;
12.  reg B1;
13.  reg B2;
14.  reg B3;
15.  reg IAEQB;
16.  reg IAGTB;
17.  reg IALTB;
18.  //wires
19.  wire QAEQB;
20.  wire QAGTB;
21.  wire QALTB;
22.
23.  reg  [3:0] s_a = 4'd0;
```

```
24.  reg  [3:0] s_b = 4'd0;
25.  wire [2:0] s_o;
26.
27.  //assign statements (if any)
28.  MSI7485_top i1 (
29.  //port map - connection between master ports and signals/registers
30.      .A0(A0),
31.      .A1(A1),
32.      .A2(A2),
33.      .A3(A3),
34.      .B0(B0),
35.      .B1(B1),
36.      .B2(B2),
37.      .B3(B3),
38.      .IAEQB(IAEQB),
39.      .IAGTB(IAGTB),
40.      .IALTB(IALTB),
41.      .QAEQB(QAEQB),
42.      .QAGTB(QAGTB),
43.      .QALTB(QALTB)
44.  );
45.
46.  assign {A3, A2, A1, A0} = s_a;
47.  assign {B3, B2, B1, B0} = s_b;
48.  assign s_o = {QAGTB, QAEQB, QALTB};
49.
50.  assign IAGTB = 1'b0;    //a>b
51.  assign IAEQB = 1'b1;    //a=b
52.  assign IALTB = 1'b0;    //a<b
53.
54.  always
55.  begin
56.    s_b <= s_b + 4'd1;
57.
58.    if(s_b == 4'b1111) begin
59.      s_a <= s_a + 4'd1;
60.    end
61.
62.    #100;
63.  end
64.
65.  endmodule
```

　　完善仿真文件后，参考 3.3 节步骤 8 执行菜单栏命令 Assignments→Settings，将 MSI7485_top_tb.vt 与 ModelSim 进行关联，然后单击 ▶ 按钮编译工程并进行仿真，仿真结果如图 8-5 所示，参考如表 8-1 所示的 MSI7485 真值表，验证仿真结果。

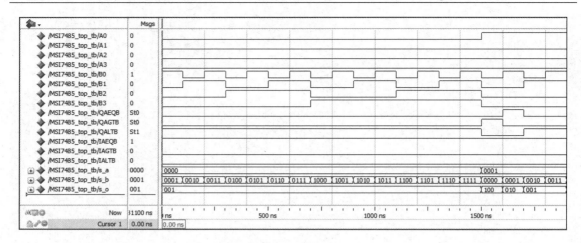

图 8-5　仿真结果

步骤 4：引脚约束

执行菜单栏命令 Assignments→Pin Planner 进行引脚约束，各端口对应引脚及 I/O 电平标准如图 8-6 所示。

Node Name	Direction		Location	I/O Bank	VREF Group	Fitter Location		I/O Standard	Reserved
A0	Input	❶	PIN_W7	3	B3_N1	PIN_AA3	❷	3.3-V LVTTL	
A1	Input		PIN_Y8	3	B3_N0	PIN_T4		3.3-V LVTTL	
A2	Input		PIN_W10	3	B3_N0	PIN_V7		3.3-V LVTTL	
A3	Input		PIN_V11	3	B3_N0	PIN_R12		3.3-V LVTTL	
B0	Input		PIN_T11	3	B3_N0	PIN_V3		3.3-V LVTTL	
B1	Input		PIN_U11	3	B3_N0	PIN_Y3		3.3-V LVTTL	
B2	Input		PIN_Y10	3	B3_N0	PIN_AA4		3.3-V LVTTL	
B3	Input		PIN_V9	3	B3_N0	PIN_AB4		3.3-V LVTTL	
IAEQB	Input		PIN_R12	3	B3_N1	PIN_AB3		3.3-V LVTTL	
IAGTB	Input		PIN_U12	4	B4_N1	PIN_Y4		3.3-V LVTTL	
IALTB	Input		PIN_T12	4	B4_N1	PIN_P6		3.3-V LVTTL	
QAEQB	Output		PIN_W6	3	B3_N1	PIN_Y6		3.3-V LVTTL	
QAGTB	Output		PIN_U7	3	B3_N1	PIN_W6		3.3-V LVTTL	
QALTB	Output		PIN_Y4	3	B3_N1	PIN_R5		3.3-V LVTTL	

图 8-6　引脚约束

引脚约束完成后，先参考 3.3 节步骤 9 将空闲引脚设置为高阻态输入；然后参考 3.3 节步骤 10 编译工程生成.sof 文件，下载到 FPGA 高级开发系统上，拨动 SW_0～SW_{10}，检查 LED_0～LED_2 输出是否与真值表一致。

步骤 5：新建 HDL 工程

首先，将"D:\CycloneIVDigitalTest\Material"文件夹中的 Exp7.2_MSI7485 文件夹复制到"D:\CycloneIVDigitalTest\Product"文件夹中。然后，参考 5.3 节步骤 1，在目录"D:\CycloneIVDigitalTest\Product\Exp7.2_MSI7485\project"中新建工程名和顶层文件名均为 MSI7485 的工程。

新建工程后，参考 5.3 节步骤 1，将"D:\CycloneIVDigitalTest\Product\Exp7.2_MSI7485\code"中的 MSI7485.v 文件添加到工程中，文件中代码模板已经给出。

步骤 6：完善 MSI7485.v 文件

打开 MSI7485.v 文件编辑界面，将程序清单 8-2 中的代码添加到 MSI7485.v 文件中。

程序清单 8-2

```
1.    `timescale 1ns / 1ps
2.
3.    //------------------------------------------------------------------------
4.    //                              模块定义
5.    //------------------------------------------------------------------------
6.    module MSI7485(
7.      input  wire A0, //A0 输入
8.      input  wire A1, //A1 输入
9.      input  wire A2, //A2 输入
10.     input  wire A3, //A3 输入
11.
12.     input  wire B0, //B0 输入
13.     input  wire B1, //B1 输入
14.     input  wire B2, //B2 输入
15.     input  wire B3, //B3 输入
16.
17.     input  wire IALTB, //A < B,高电平有效
18.     input  wire IAEQB, //A = B,高电平有效
19.     input  wire IAGTB, //A > B,高电平有效
20.
21.     output wire QALTB, //A < B,高电平有效
22.     output wire QAEQB, //A = B,高电平有效
23.     output wire QAGTB  //A > B,高电平有效
24.   );
25.
26.   //------------------------------------------------------------------------
27.   //                              信号定义
28.   //------------------------------------------------------------------------
29.     //输入信号
30.     wire [3:0] s_a;
31.     wire [3:0] s_b;
32.     wire [2:0] s_in;
33.
34.     //输出信号
35.     wire [2:0] s_out;
36.
37.   //------------------------------------------------------------------------
38.   //                              电路实现
39.   //------------------------------------------------------------------------
40.     //将输入信号并在一起
41.     assign s_a  = {A3, A2, A1, A0};
42.     assign s_b  = {B3, B2, B1, B0};
43.     assign s_in = {IAGTB, IAEQB,IALTB};
44.
45.     //输出
46.     assign {QAGTB, QAEQB, QALTB} = s_out;
47.
48.     //比较
49.     assign s_out = (s_a[3]  == 1'b1 & s_b[3] == 1'b0 ) ? 3'b100 : //A3 > B3
50.                    (s_a[3]  == 1'b0 & s_b[3] == 1'b1 ) ? 3'b001 : //A3 < B3
```

```
51.              (s_a[2]  == 1'b1 & s_b[2] == 1'b0 ) ? 3'b100 : //A2 > B2
52.              (s_a[2]  == 1'b0 & s_b[2] == 1'b1 ) ? 3'b001 : //A2 < B2
53.              (s_a[1]  == 1'b1 & s_b[1] == 1'b0 ) ? 3'b100 : //A1 > B1
54.              (s_a[1]  == 1'b0 & s_b[1] == 1'b1 ) ? 3'b001 : //A1 < B1
55.              (s_a[0]  == 1'b1 & s_b[0] == 1'b0 ) ? 3'b100 : //A0 > B0
56.              (s_a[0]  == 1'b0 & s_b[0] == 1'b1 ) ? 3'b001 : //A0 < B0
57.              (s_in[1] == 1'b1                   ) ? 3'b010 :
58.              (s_in[0] == 1'b1 & s_in[2] == 1'b1) ? 3'b000 :
59.              (s_in == 3'b000                    ) ? 3'b101 :
60.                                              s_in  ;
61.
62. endmodule
```

完善 MSI7485.v 文件后，先单击 ▶ 按钮编译工程，编译无误后参考 4.3 节步骤 4 使用综合工具查看生成的电路图；然后参考本章 8.3 节步骤 3 和步骤 4 添加并关联仿真文件进行仿真测试，约束引脚并将空余引脚设置为高阻态输入；最后参考 3.3 节步骤 10 编译工程生成 .sof 文件，将其下载到 FPGA 高级开发系统，并参考 MSI7485 真值表，验证功能是否正确。

本 章 任 务

【任务 1】 在 Quartus Prime 环境下使用原理图设计输入方法，用 MSI7485 设计一个 8421BCD 有效测试性电路，当输入为有效 8421BCD 码时输出为 1，否则为 0。编写测试激励文件，对该电路进行仿真；设置引脚约束，其中输入使用拨动开关，输出使用 LED。在 Quartus Prime 环境中生成 .sof 文件，并下载到 FPGA 高级开发系统进行板级验证。

【任务 2】 分析图 8-7 中的组合逻辑电路的功能，已知输入 X3、X2、X1、X0 为 8421BCD 码。在 Quartus Prime 环境下使用原理图设计输入方法实现该电路，并编写测试激励文件，对其进行仿真，然后，设置引脚约束，其中 4 位输入使用拨动开关，4 位输出使用 LED。在 Quartus Prime 环境中生成 .sof 文件，并下载到 FPGA 高级开发系统进行板级验证。

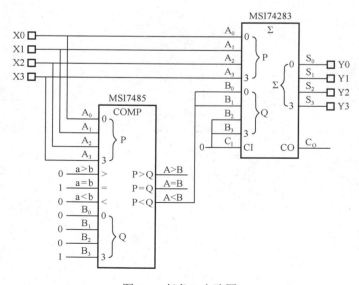

图 8-7　任务 2 电路图

本 章 习 题

　　两路数字温度监测比较电路示意图如图 8-8 所示，其中，T_1 和 T_2 为数字温度传感器测得的温度信号，这两者均为 8 位数字信号，当 $T_1 > T_2$ 时，红灯 L1 亮，当 $T_1 = T_2$ 时，绿灯 L2 亮，当 $T_1 < T_2$ 时，蓝灯 L3 亮，尝试设计该数字温度监测比较电路，用 Verilog HDL 实现该电路的功能。

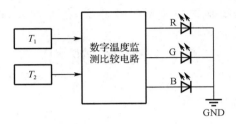

图 8-8　两路数字温度监测比较电路示意图

第9章 数据选择器设计

在电路系统设计中，常常需要从多路输入中选择其中 1 路，这种电路称为数据选择器，也叫多路选择器。本实验先对 MSI74151 模块进行仿真，然后设置引脚约束，在 FPGA 高级开发系统上进行板级验证；最后参考 MSI74151 真值表，使用 Verilog HDL 实现该电路，经过仿真测试后，进行板级验证。

9.1 预 备 知 识

（1）数据选择器。
（2）MSI74151 八选一数据选择器。
（3）数据分配器。

9.2 实 验 内 容

MSI74151 是一个互补输出的八选一数据选择器，它有 3 个数据选择端、8 个数据输入端、2 个互补数据输出端、1 个低电平有效的选通使能端。MSI74151 的逻辑符号如图 9-1 所示；其真值表如表 9-1 所示。

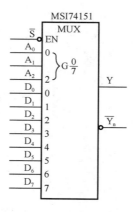

图 9-1 MSI74151 的逻辑符号

表 9-1 MSI74151 的真值表

$\bar{S}$	A_0	A_1	A_2	Y	$\bar{Y}$
1	×	×	×	0	1
0	0	0	0	D_0	$\bar{D}_0$
0	1	0	0	D_1	$\bar{D}_1$
0	0	1	0	D_2	$\bar{D}_2$
0	1	1	0	D_3	$\bar{D}_3$
0	0	0	1	D_4	$\bar{D}_4$
0	1	0	1	D_5	$\bar{D}_5$
0	0	1	1	D_6	$\bar{D}_6$
0	1	1	1	D_7	$\bar{D}_7$

在 Quartus Prime 环境中，将 MSI74151 数据选择器的输入信号命名为 S、A0～A2、D0～D7，将输出信号命名为 Y、Yn，如图 9-2 所示。编写测试激励文件，对 MSI74151 进行仿真。

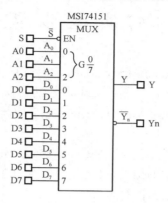

图 9-2 MSI74151 输入/输出信号在 Quartus Prime 环境中的命名

完成仿真后，进行引脚约束，其中的 S、A0～A2、D0～D7 使用拨动开关 SW_0～SW_{11} 来输入，对应 EP4CE15F23C8N 芯片引脚依次为 W7、Y8、W10、V11、U12、R12、T12、T11、U11、Y10、V9、W8；输出 Y、Yn 使用 LED_0、LED_1 来表示，对应 EP4CE15F23C8N 芯片引脚依次为 Y4、W6，如图 9-3 所示。使用 Quartus Prime 环境生成 .sof 文件，并下载到 FPGA 高级开发系统进行板级验证。

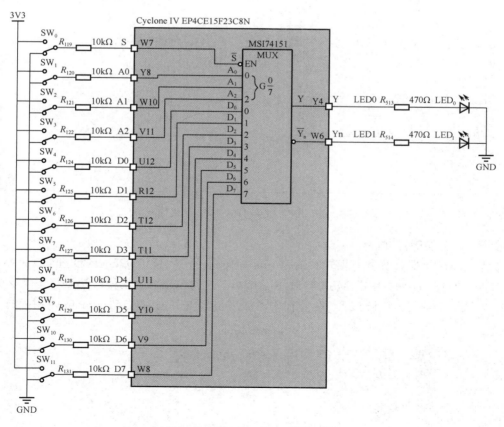

图 9-3 MSI74151 与外部电路连接图

基于原理图的仿真和板级验证完成后，先通过 Verilog HDL 实现 MSI74151，使用 ModelSim 进行仿真，然后生成.sof 文件，并下载到 FPGA 高级开发系统进行板级验证。

9.3 实 验 步 骤

步骤 1：新建原理图工程

首先，将"D:\CycloneIVDigitalTest\Material"文件夹中的 Exp8.1_MSI74151 文件夹复制到"D:\CycloneIVDigitalTest\Product"文件夹中。然后，参考 5.3 节步骤 1，在目录"D:\CycloneIVDigitalTest\Product\Exp8.1_MSI74151\project"中新建工程名为 MSI74151、顶层文件名为 MSI74151_top 的工程。

新建工程后，参考 5.3 节步骤 1，将"D:\CycloneIVDigitalTest\Product\Exp8.1_MSI74151\code"中的 MSI74151.bdf 和 MSI74151_top.bdf 文件添加到工程中。

步骤 2：完善 MSI74151_top.bdf 文件

打开 MSI74151_top.bdf 文件编辑界面，参考图 9-4，完善 MSI74151_top.bdf 文件，其中的元件 MSI74151.dsf 在本实验的 symbol 文件夹中，参考图 5-11 添加即可。

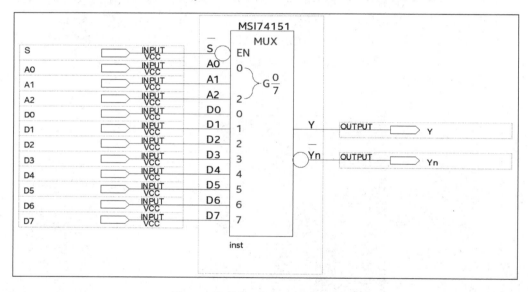

图 9-4 完善 MSI74151_top.bdf 文件

步骤 3：添加仿真文件

参考 3.3 节步骤 8，先执行菜单栏命令 File→Open，选择"D:\CycloneIVDigitalTest\Product\Exp8.1_MSI74151\code"中的 MSI74151_top_tb.vt，并勾选添加到工程；然后将程序清单 9-1 中的第 23 至 25、46 至 48 和 52 至 62 行代码添加进仿真文件 MSI74151_top_tb.vt 相应的位置。

程序清单 9-1

```
1.   `timescale 1 ns/ 1 ps
2.   module MSI74151_top_tb();
3.   //constants
4.   //general purpose registers
5.   //reg eachvec;
6.   //test vector input registers
```

```
7.   reg A0;
8.   reg A1;
9.   reg A2;
10.  reg D0;
11.  reg D1;
12.  reg D2;
13.  reg D3;
14.  reg D4;
15.  reg D5;
16.  reg D6;
17.  reg D7;
18.  reg S;
19.  //wires
20.  wire Y;
21.  wire Yn;
22.
23.  reg  [2:0] s_a = 3'd0;
24.  reg  [7:0] s_d = 8'd0;
25.  reg        s_s = 1'b0;
26.
27.  //assign statements (if any)
28.  MSI74151_top i1 (
29.  //port map - connection between master ports and signals/registers
30.      .A0(A0),
31.      .A1(A1),
32.      .A2(A2),
33.      .D0(D0),
34.      .D1(D1),
35.      .D2(D2),
36.      .D3(D3),
37.      .D4(D4),
38.      .D5(D5),
39.      .D6(D6),
40.      .D7(D7),
41.      .S(S),
42.      .Y(Y),
43.      .Yn(Yn)
44.  );
45.
46.  assign {A2, A1, A0} = s_a;
47.  assign {D7, D6, D5, D4, D3, D2, D1, D0} = s_d;
48.  assign S = s_s;
49.
50.  always
51.  begin
52.    s_a = s_a + 3'd1;
53.
54.    if(s_a == 3'b111) begin
55.      s_d <= s_d + 8'd1;
56.
57.        if(s_d == 8'b1111_1111) begin
58.          s_s = !s_s;
```

```
59.        end
60.    end
61.
62.    #100;
63. end
64.
65. endmodule
```

完善仿真文件后，参考 3.3 节步骤 8，执行菜单栏命令 Assignments→Settings，将 MSI74151_top_tb.vt 与 ModelSim 进行关联，然后单击 ▶ 按钮编译工程并进行仿真，仿真结果如图 9-5 所示，参考如表 9-1 所示的 MSI74151 真值表，验证仿真结果。

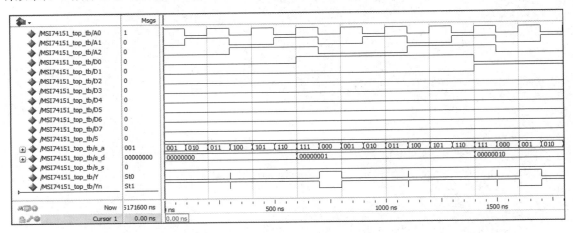

图 9-5　仿真结果

步骤 4：引脚约束

执行菜单栏命令 Assignments→Pin Planner 进行引脚约束，各端口对应引脚及 I/O 电平标准如图 9-6 所示。

Node Name	Direction	Location	I/O Bank	VREF Group	Fitter Location	I/O Standard	Reserved
A0	Input	PIN_Y8	3	B3_N0	PIN_R1	3.3-V LVTTL	
A1	Input	PIN_W10	3	B3_N0	PIN_N5	3.3-V LVTTL	
A2	Input	PIN_V11	3	B3_N0	PIN_M3	3.3-V LVTTL	
D0	Input	PIN_U12	4	B4_N1	PIN_M5	3.3-V LVTTL	
D1	Input	PIN_R12	3	B3_N1	PIN_L7	3.3-V LVTTL	
D2	Input	PIN_T12	4	B4_N1	PIN_P3	3.3-V LVTTL	
D3	Input	PIN_T11	3	B3_N0	PIN_P2	3.3-V LVTTL	
D4	Input	PIN_U11	3	B3_N0	PIN_P4	3.3-V LVTTL	
D5	Input	PIN_Y10	3	B3_N0	PIN_N1	3.3-V LVTTL	
D6	Input	PIN_V9	3	B3_N0	PIN_R2	3.3-V LVTTL	
D7	Input	PIN_W8	3	B3_N0	PIN_N2	3.3-V LVTTL	
S	Input	PIN_W7	3	B3_N1	PIN_M4	3.3-V LVTTL	
Y	Output	PIN_Y4	3	B3_N1	PIN_V2	3.3-V LVTTL	
Yn	Output	PIN_W6	3	B3_N1	PIN_P1	3.3-V LVTTL	

图 9-6　引脚约束

引脚约束完成后，先参考 3.3 节步骤 9 将空闲引脚设置为高阻态输入；然后参考 3.3 节步骤 10 编译工程生成.sof 文件，下载到 FPGA 高级开发系统上，拨动 $SW_0 \sim SW_{11}$，检查 $LED_0 \sim LED_1$ 输出是否与真值表一致。

步骤 5：新建 HDL 工程

首先，将"D:\CycloneIVDigitalTest\Material"文件夹中的 Exp8.2_MSI74151 文件夹复制到"D:\CycloneIVDigitalTest\Product"文件夹中。然后，参考 5.3 节步骤 1，在目录"D:\CycloneIVDigitalTest\Product\Exp8.2_MSI74151\project"中新建工程名和顶层文件名均为 MSI74151 的工程。

新建工程后，参考 5.3 节步骤 1，将"D:\CycloneIVDigitalTest\Product\Exp8.2_MSI74151\code"中的 MSI74151.v 文件添加到工程中，文件中代码模板已经给出。

步骤 6：完善 MSI74151.v 文件

打开 MSI74151.v 文件编辑界面，将程序清单 9-2 中的代码添加到 MSI74151.v 文件中。其中，第 50 行代码被注释的部分是通过数据流描述的方式来实现数据选择器的功能，这里使用行为描述的方式来实现数据选择器的功能，代码如第 52 至 58 行所示。

程序清单 9-2

```
1.   `timescale 1ns / 1ps
2.
3.   //--------------------------------------------------------------------
4.   //                              模块定义
5.   //--------------------------------------------------------------------
6.   module MSI74151(
7.     input  wire D0, //D0 输入
8.     input  wire D1, //D1 输入
9.     input  wire D2, //D2 输入
10.    input  wire D3, //D3 输入
11.    input  wire D4, //D4 输入
12.    input  wire D5, //D5 输入
13.    input  wire D6, //D6 输入
14.    input  wire D7, //D7 输入
15.
16.    input  wire A0, //A0 输入
17.    input  wire A1, //A1 输入
18.    input  wire A2, //A2 输入
19.
20.    input  wire S , //片选，低电平有效
21.
22.    output wire Y , //正相输出
23.    output wire Yn  //反相输出
24.  );
25.
26.  //--------------------------------------------------------------------
27.  //                              信号定义
28.  //--------------------------------------------------------------------
29.    //中间信号，与输入相连
30.    wire [7:0] s_d;
31.    wire [2:0] s_a;
32.    wire       s_s;
33.
34.    //中间信号，与输出相连
35.    wire s_y;
```

```
36.
37.    //-------------------------------------------------------------------
38.    //                              电路实现
39.    //-------------------------------------------------------------------
40.    //将输入信号并在一起
41.    assign s_d = {D7, D6, D5, D4, D3, D2, D1, D0};
42.    assign s_a = {A2, A1, A0};
43.    assign s_s = S;
44.
45.    //输出
46.    assign Y  = s_y;
47.    assign Yn = ~s_y;
48.
49.    //数据选择
50.    // assign s_y = (s_s == 1'b1) ? 1'b0 : s_d[s_a]; //数据流描述
51.
52.    always@(s_s,s_a,s_d)   //行为描述
53.    begin
54.      if(s_s == 1'b1)
55.        s_y = 1'b0;
56.      else
57.        s_y = s_d[s_a];
58.    end
59.
60.    endmodule
```

完善 MSI7415.v 文件后，先单击 ▶ 按钮编译工程，编译无误后参考 4.3 节步骤 4 使用综合工具查看生成的电路图；然后参考本章 9.3 节步骤 3 和步骤 4 添加并关联仿真文件进行仿真测试，约束引脚并将空余引脚设置为高阻态输入；最后参考 3.3 节步骤 10 编译工程生成 .sof 文件，将其下载到 FPGA 高级开发系统，并参考 MSI74151 真值表，验证功能是否正确。

本 章 任 务

【任务 1】　在 Quartus Prime 环境下使用原理图输入方式，用 MSI74151 和必要的门电路设计 1 个组合逻辑电路，该电路有 3 个输入逻辑变量 A、B、C 和 1 个工作状态控制变量 S。当 S=0 时，电路实现"意见一致"功能，即 A、B、C 状态一致时输出为 1，否则输出为 0。当 S=1 时，电路实现"多数表决"功能，即输出与 A、B、C 中多数的状态一致。编写测试激励文件，对该电路进行仿真；设置引脚约束，其中输入使用拨动开关，输出使用 LED。在 Quartus Prime 环境中生成 .sof 文件，并下载到 FPGA 高级开发系统进行板级验证。

【任务 2】查阅《MSI74153 数据手册》，在 Quartus Prime 环境下，根据 MSI74151 真值表，使用 Verilog HDL 实现 MSI74153。编写测试激励文件，对该电路进行仿真；设置引脚约束，其中输入使用拨动开关，输出使用 LED。在 Quartus Prime 环境中生成 .sof 文件，并下载到 FPGA 高级开发系统进行板级验证。

【任务 3】与数据选择器正好相反，数据分配器的逻辑功能是将 1 个输入信号根据选择信号的不同取值，传送至多个输出数据通道中的某 1 个，数据分配器又称为多路分配器。1 个数据分配器有 1 个数据输入端、n 个选择输入端、2^n 个数据输出端。比如 1 路-4 路数据分配器有 1 个数据输入端（D）、2 个选择输入端（A_1 和 A_0）、4 个数据输出端（$D_3 \sim D_0$）。由数据

分配器的逻辑表达式中可以看出以下特点：选择输入端的各个不同最小项作为因子会出现在各个输出的表达式中，这与译码器电路的输出为地址输入的各个不同的最小项（或其反）这一特点相同。这样，就可以利用译码器来实现数据分配器的功能，尝试使用 Quartus Prime 环境，基于原理图，用 MSI74138 实现 1 路-8 路数据分配器。编写测试激励文件，对该数据分配器进行仿真；设置引脚约束，其中输入使用拨动开关，输出使用 LED。在 Quartus Prime 环境中生成.sof 文件，并下载到 FPGA 高级开发系统进行板级验证。提示：将 MSI74138 的 $\overline{S}_2$ 作为数据输入端。

本 章 习 题

1. 人类有 4 种基本血型：A 型血、B 型血、AB 型血和 O 型血，其中，O 型血可以输给任意血型的人，而 O 型血的人只能接受 O 型血；AB 型血的人可以接受任意血型，但他只能输给 AB 型血的人；A 型血能输给 A 型或 AB 型血的人，A 型血的人可接受 A 型或 O 型血；B 型血能输给 B 型或 AB 型血的人，B 型血的人可以接受 B 型或 O 型血。使用八选一数据选择器实现血型匹配验证电路的功能，当输血者血型和受血者血型匹配时，输出结果为高电平，否则输出低电平。

2. 尝试用 Verilog HDL 行为描述方法设计习题 1 中的血型匹配验证电路。

第10章 触发器设计

数字逻辑电路分为组合逻辑电路和时序逻辑电路，第3~9章介绍组合逻辑电路，第10~14章介绍时序逻辑电路。时序逻辑电路的特点是：任何时刻的输出不仅取决于当时的输入信号，还与电路历史状态有关，因此时序逻辑电路必须具有记忆功能的器件，通常是触发器。按照逻辑功能的不同，可以将触发器分为RS触发器、D触发器、JK触发器和T触发器等几种类型。本实验先依次对RS触发器、D触发器、JK触发器和T触发器模块进行仿真，然后设置引脚约束，最后在FPGA高级开发系统上进行板级验证。

10.1 预 备 知 识

（1）RS触发器。
（2）D触发器。
（3）JK触发器。
（4）T触发器。

10.2 实 验 内 容

10.2.1 RS触发器

RS触发器的逻辑符号如图10-1所示。

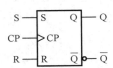

图10-1 RS触发器的逻辑符号

RS触发器的特性表如表10-1所示，驱动表如表10-2所示，状态转换图如图10-2所示。

表10-1 RS触发器的特性表

R	S	Q^n	Q^{n+1}	逻 辑 功 能
0	0	0	0	保持
0	0	1	1	
0	1	0	1	置1
0	1	1	1	
1	0	0	0	置0
1	0	1	0	
1	1	0	×	约束
1	1	1	×	

表 10-2 RS 触发器的驱动表

Q^n	Q^{n+1}	R	S
0	0	×	0
0	1	0	1
1	0	1	0
1	1	0	×

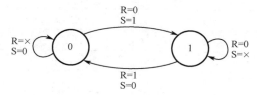

图 10-2 RS 触发器的状态转换图

在 Quartus Prime 环境中,将 RS 触发器的输入信号命名为 S、CP、R,将输出信号命名为 Q、Qn,如图 10-3 所示。编写测试激励文件,对 RS 触发器进行仿真。

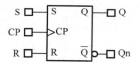

图 10-3 RS 触发器输入/输出信号在 Quartus Prime 环境中的命名

完成仿真后,进行引脚约束,其中 R、S、CP 使用拨动开关 SW_0、SW_1、SW_{15} 来输入,对应 EP4CE15F23C8N 芯片引脚依次为 W7、Y8、AA11;输出 Q、Qn 使用 LED_0、LED_1 来表示,对应 EP4CE15F23C8N 芯片引脚依次为 Y4、W6,如图 10-4 所示。使用 Quartus Prime 环境生成.sof 文件,并下载到 FPGA 高级开发系统进行板级验证。

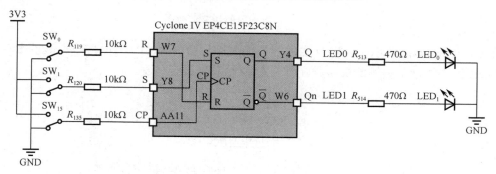

图 10-4 RS 触发器与外部电路连接图

10.2.2 D 触发器

D 触发器的逻辑符号如图 10-5 所示。

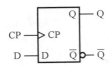

图 10-5　D 触发器的逻辑符号

D 触发器的特性表如表 10-3 所示，驱动表如表 10-4 所示，状态转换图如图 10-6 所示。

表 10-3　D 触发器的特性表

D	Q^n	Q^{n+1}	逻 辑 功 能
0	0	0	置 0
0	1	0	
1	0	1	置 1
1	1	1	

表 10-4　D 触发器的驱动表

Q^n	Q^{n+1}	D
0	0	0
0	1	1
1	0	0
1	1	1

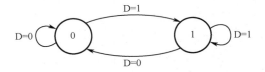

图 10-6　D 触发器的状态转换图

在 Quartus Prime 环境中，将 D 触发器的输入信号命名为 CP、D，将输出信号命名为 Q、Qn，如图 10-7 所示。编写测试激励文件，对 D 触发器进行仿真。

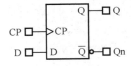

图 10-7　D 触发器输入/输出信号在 Quartus Prime 环境中的命名

完成仿真后，进行引脚约束，其中 D、CP 使用拨动开关 SW_0、SW_{15} 来输入，对应 EP4CE15F23C8N 芯片引脚依次为 W7、AA11，输出 Q、Qn 使用 LED_0、LED_1，对应 EP4CE15F23C8N 芯片引脚依次为 Y4、W6，如图 10-8 所示。使用 Quartus Prime 环境生成 .sof 文件，并下载到 FPGA 高级开发系统进行板级验证。

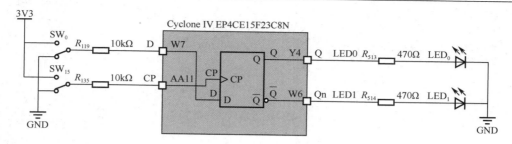

图 10-8　D 触发器与外部电路连接图

10.2.3　JK 触发器

JK 触发器的逻辑符号如图 10-9 所示。

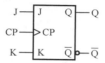

图 10-9　JK 触发器的逻辑符号

JK 触发器的特性表如表 10-5 所示，驱动表如表 10-6 所示，状态转换图如图 10-10 所示。

表 10-5　JK 触发器的特性表

J	K	Q^n	Q^{n+1}	逻 辑 功 能
0	0	0	0	保持
0	0	1	1	
0	1	0	0	置0
0	1	1	0	
1	0	0	1	置1
1	0	1	1	
1	1	0	1	翻转
1	1	1	0	

表 10-6　JK 触发器的驱动表

Q^n	Q^{n+1}	J	K
0	0	0	×
0	1	1	×
1	0	×	1
1	1	×	0

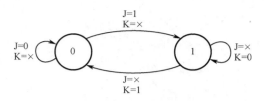

图 10-10　JK 触发器的状态转换图

在 Quartus Prime 环境中，将 JK 触发器的输入信号命名为 J、CP、K，将输出信号命名为 Q、Qn，如图 10-11 所示。编写测试激励文件，对 JK 触发器进行仿真。

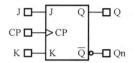

图 10-11　JK 触发器输入输出信号在 Quartus Prime 环境中的命名

完成仿真后，进行引脚约束，其中 J、K、CP 使用拨动开关 SW_0、SW_1、SW_{15} 来输入，对应 EP4CE15F23C8N 芯片引脚依次为 W7、Y8、AA11，输出 Q、Qn 使用 LED_0、LED_1，对应 EP4CE15F23C8N 芯片引脚依次为 Y4、W6，如图 10-12 所示。使用 Quartus Prime 环境生成.sof 文件，并下载到 FPGA 高级开发系统进行板级验证。

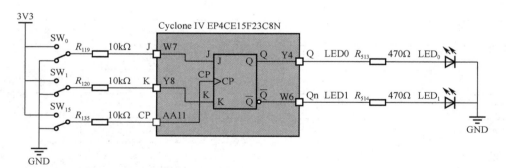

图 10-12　JK 触发器与外部电路连接图

10.2.4　T 触发器

T 触发器的逻辑符号如图 10-13 所示。

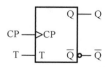

图 10-13　T 触发器的逻辑符号

T 触发器的特性表如表 10-7 所示，驱动表如表 10-8 所示，状态转换图如图 10-14 所示。

表 10-7　T 触发器的特性表

T	Q^n	Q^{n+1}	逻 辑 功 能
0	0	0	保持
0	1	1	
1	0	1	翻转
1	1	0	

表 10-8　T 触发器的驱动表

Q^n	Q^{n+1}	T
0	0	0
0	1	1
1	0	1
1	1	0

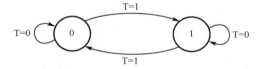

图 10-14　T 触发器的状态转换图

在 Quartus Prime 环境中，将 T 触发器的输入信号命名为 CP、T，将输出信号命名为 Q、Qn，如图 10-15 所示。编写测试激励文件，对 T 触发器进行仿真。

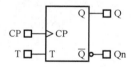

图 10-15　T 触发器输入/输出信号在 Quartus Prime 环境中的命名

完成仿真后，进行引脚约束，其中 T、CP 使用拨动开关 SW_0、SW_{15} 来输入，对应 EP4CE15F23C8N 芯片引脚依次为 W7、AA11；输出 Q、Qn 使用 LED_0、LED_1，对应 EP4CE15F23C8N 芯片引脚依次为 Y4、W6，如图 10-16 所示。使用 Quartus Prime 环境生成.sof 文件，并下载到 FPGA 高级开发系统进行板级验证。

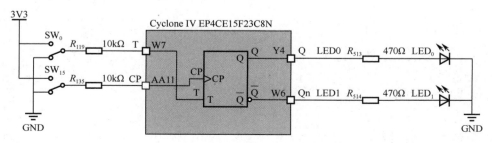

图 10-16　T 触发器与外部电路连接图

10.3　实　验　步　骤

步骤 1：新建 RSTrigger 原理图工程

首先，将"D:\CycloneIVDigitalTest\Material"文件夹中的 Exp9.1_RSTrigger 文件夹复制到"D:\CycloneIVDigitalTest\Product"文件夹中。然后，参考 5.3 节步骤 1，在目录"D:\CycloneIVDigitalTest\Product\Exp9.1_RSTrigger\project"中新建工程名为 RSTrigger、顶层文件名为 RSTrigger_top 的工程。

新建工程后，参考 5.3 节步骤 1，将"D:\CycloneIVDigitalTest\Product\Exp9.1_RSTrigger\code"中的 RSTrigger.v 和 RSTrigger_top.bdf 文件添加到工程中。

步骤 2：完善 RSTrigger.v 文件

打开 RSTrigger.v 文件编辑界面，参考程序清单 10-1 完善 RSTrigger.v 文件，其中，第 47 至第 50 行代码是一个 always 语句，使用了一个 negedge s_clk 事件来检测 s_clk 的下降沿，当 s_clk 处于下降沿时，always 内的语句便会生效，实现 s_q 值的改变。此外，与 negedge 类似，posedge s_clk 则是上升沿检测事件。

程序清单 10-1

```
1.    `timescale 1ns / 1ps
2.
3.    //-------------------------------------------------------------
4.    //                         模块定义
5.    //-------------------------------------------------------------
6.    module RSTrigger(
7.      input  wire CP, //时钟信号，下降沿有效
8.      input  wire R , //R
9.      input  wire S , //S
10.     output wire Q , //Q
11.     output wire Qn  //Qn
12.    );
13.
14.    //-------------------------------------------------------------
15.    //                         参数定义
16.    //-------------------------------------------------------------
17.
18.    //-------------------------------------------------------------
19.    //                         信号定义
20.    //-------------------------------------------------------------
21.     //输入信号
22.     wire s_clk;
23.     wire s_r;
24.     wire s_s;
25.
26.     //输出信号
27.     reg s_q = 1'b0;
28.
29.
30.    //-------------------------------------------------------------
31.    //                         模块例化
32.    //-------------------------------------------------------------
```

```
33.
34.   //-----------------------------------------------------------------------
35.   //                              电路实现
36.   //-----------------------------------------------------------------------
37.   //输入
38.   assign s_clk = CP;
39.   assign s_r   = R;
40.   assign s_s   = S;
41.
42.   //输出
43.   assign Q  = s_q;
44.   assign Qn = ~s_q;
45.
46.   //信号处理
47.   always @(negedge s_clk)
48.   begin
49.     s_q <= s_s | (~s_r & s_q);
50.   end
51.
52. endmodule
```

步骤 3：生成元件

完善 RSTrigger.v 文件后，就可以生成 RS 触发器元件了，前面很多实验都用到了自定义的元件，因此这个实验就来了解如何制作元件。通过 HDL 文件或者原理图文件均可生成元件，下面通过 HDL 文件来生成元件。

首先确保主界面打开的是 RSTrigger.v 编辑界面，执行菜单栏命令 File→Create/Update→Create Symbol Files for Current File，如图 10-17 所示。

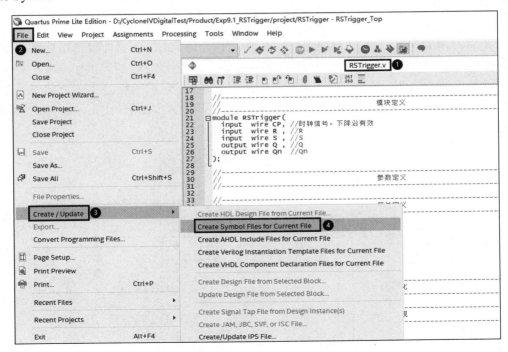

图 10-17　生成元件步骤 1

如图 10-18 所示，Quartus Prime 20.1 下方的 Message 中显示 Quartus Prime Create Symbol File was successful. 0 errors,0 warnings，说明元件生成成功。同时，在工程路径下也可以找到一个 RSTrigger.bsf 文件，这就是刚刚生成的 RSTrigger 元件。

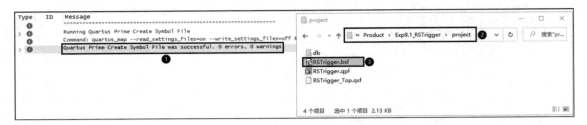

图 10-18　生成元件步骤 2

接着执行菜单栏命令 File→Open，打开刚才生成的 RSTrigger.bsf 文件，暂时不用添加到工程中，如图 10-19 所示。

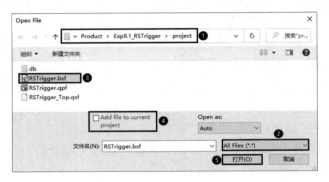

图 10-19　生成元件步骤 3

打开后的 RSTrigger.bsf 文件如图 10-20 所示，元件上方为元器件编辑工具栏，此时的 RSTrigger 元件是 Quartus Prime 20.1 根据 RSTrigger.v 文件自动生成的，虽然可以正常使用，但此时元件还过于简单，缺少一些关键信息，例如未标识边沿时钟信号 CP 方向（上升沿或下降沿），输出端 Qn 未标识正反相等，不方便使用，下面介绍如何使用工具栏为元件添加更多信息。

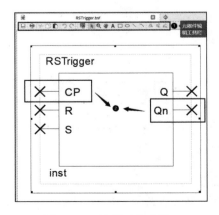

图 10-20　编辑元件步骤 1

首先将时钟引脚位置调整为常见的顺序，如图 10-21 所示，单击工具栏的 ▶ 按钮（选取工具），通过单击并拖动的方式，将 CP 引脚和引脚名调整到中间，将 R 引脚和引脚名调整到上方，调整时可在按住 Shift 键的同时单击选取端口和端口名一并拖动。

接着单击工具栏的 ╲ 按钮，绘制时钟信号标识，如图 10-22 所示，引脚名 CP 可向右挪，给标识留出绘制空间。

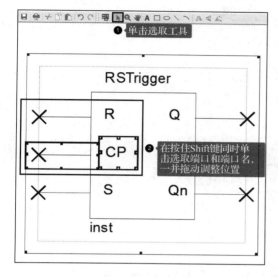

图 10-21　编辑元件步骤 2

图 10-22　编辑元件步骤 3

下面给时钟信号引脚 CP 和反相输出引脚 Qn 添加一个圆圈标识。首先单击工具栏的 ▶ 按钮将 CP、Qn 两个引脚缩短一小段；然后单击工具栏的 ○ 图标，绘制一个大小合适的圆圈。添加完成后的效果如图 10-23 所示。

最后单击工具栏的 ╲ 图标，在 Qn 丝印上方绘制一条横线，标识该输出端为反相输出。至此，元件信息完善完毕，效果如图 10-24 所示，可以看出，该 RS 触发器带一个反相输出端，时钟下降沿触发。

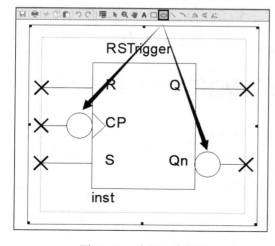

图 10-23　编辑元件步骤 4

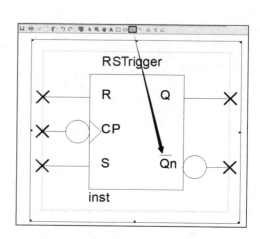

图 10-24　编辑元件步骤 5

编辑完成后执行菜单栏命令 File→Save As，将 RSTrigger.bsf 文件另存在 "D:\Cyclone IVDigitalTest\Product\Exp9.1_RSTrigger\symbol" 中，避免误操作重新生成元件时将制作好的元件覆盖，同时可以将文件添加到工程中，方便以后在工程中打开进行修改，如图 10-25 所示。

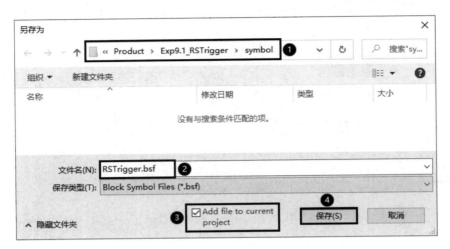

图 10-25　保存元件

步骤 4：完善 RSTrigger_top.bdf 文件

在添加 RSTrigger 元件时，可以看到 Project 中存在一个 RSTrigger 元件，这是一开始生成在工程路径下未被修改过的元件，因为修改后的元件被保存在了 symbol 文件夹中，因此需要手动进行添加，如图 10-26 所示。

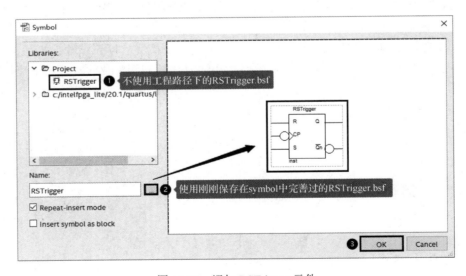

图 10-26　添加 RSTrigger 元件

参考图 10-27，完善 RSTrigger_top.bdf 文件。

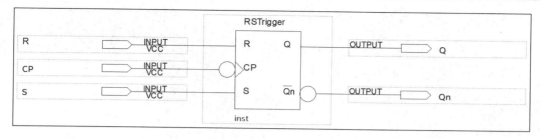

图 10-27　完善 RSTrigger_top.bdf 文件

步骤 5：添加 RSTrigger_top_tb.vt 仿真文件

参考 3.3 节步骤 8，先执行菜单栏命令 File→Open，选择"D:\CycloneIVDigitalTest\Product\Exp9.1_RSTrigger\code"的 RSTrigger_top_tb.vt，并勾选添加到工程；然后将程序清单 10-2 中的第 24、25、30～44 行代码添加进仿真文件 RSTrigger_top_tb.vt 相应的位置。

其中，第 25 行代码用于产生 20ns 周期的时钟，因为 FPGA 高级开发系统的时钟频率为 50MHz、周期为 20ns，故仿真也采用 20ns 的周期。

程序清单 10-2

```
1.    `timescale 1 ns/ 1 ps
2.    module RSTrigger_top_tb();
3.    //constants
4.    //general purpose registers
5.    //reg eachvec;
6.    //test vector input registers
7.    reg CP = 0;
8.    reg R;
9.    reg S;
10.   //wires
11.   wire Q;
12.   wire Qn;
13.
14.   //assign statements (if any)
15.   RSTrigger_top i1 (
16.   //port map - connection between master ports and signals/registers
17.       .CP(CP),
18.       .Q(Q),
19.       .Qn(Qn),
20.       .R(R),
21.       .S(S)
22.   );
23.
24.   //时钟信号
25.   always #10 CP = ~CP;
26.
27.   //测试
28.   always
29.   begin
30.     R <= 1'b0;
31.     S <= 1'b0;
32.     #100;
```

```
33.
34.    R <= 1'b0;
35.    S <= 1'b1;
36.    #100;
37.
38.    R <= 1'b1;
39.    S <= 1'b0;
40.    #100;
41.
42.    R <= 1'b1;
43.    S <= 1'b1;
44.    #100;
45.  end
46.
47.  endmodule
```

完善仿真文件后，参考 3.3 节步骤 8，先执行菜单栏命令 Assignments→Settings，将 RSTrigger_top_tb.vt 与 ModelSim 进行关联；然后单击 ▶ 按钮编译工程并进行仿真，仿真结果如图 10-28 所示，参考表 10-1 和图 10-2 的 RS 触发器特性表及状态转换图，验证仿真结果。

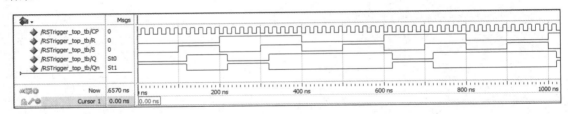

图 10-28　RSTrigger_top_tb 仿真结果

步骤 6：RSTrigger_top 引脚约束

执行菜单栏命令 Assignments→Pin Planner 进行引脚约束，各端口对应引脚及 I/O 电平标准如图 10-29 所示。

Node Name	Direction	Location	I/O Bank	VREF Group	Fitter Location	I/O Standard	Reserved
CP	Input	PIN_AA11	3	B3_N0	PIN_R6	3.3-V LVTTL	
Q	Output	PIN_Y4	3	B3_N1	PIN_R9	3.3-V LVTTL	
Qn	Output	PIN_W6	3	B3_N1	PIN_T8	3.3-V LVTTL	
R	Input	PIN_W7	3	B3_N1	PIN_T5	3.3-V LVTTL	
S	Input	PIN_Y8	3	B3_N0	PIN_P8	3.3-V LVTTL	

图 10-29　RSTrigger_top 引脚约束

引脚约束完成后，先参考 3.3 节步骤 9 将空闲引脚设置为高阻态输入；然后参考 3.3 节步骤 10 编译工程生成 .sof 文件，下载到 FPGA 高级开发系统上，拨动 SW_0、SW_1 和 SW_{15}，检查 $LED_0 \sim LED_1$ 输出是否与 RS 触发器的特性表和驱动表一致。

步骤 7：新建 DTrigger 原理图工程

首先，将 "D:\CycloneIVDigitalTest\Material" 文件夹中的 Exp9.2_DTrigger 文件夹复制到 "D:\CycloneIVDigitalTest\Product" 文件夹中。然后，参考 5.3 节步骤 1，在目录 "D:\CycloneIVDigitalTest\Product\Exp9.2_DTrigger\project" 中新建工程名为 DTrigger、顶层文件名

为 DTrigger_top 的工程。

新建工程后，参考 5.3 节步骤 1，将 "D:\CycloneIVDigitalTest\Product\Exp9.2_DTrigger\code" 中的 DTrigger.v 和 DTrigger_top.bdf 文件添加到工程中。

步骤 8：完善 DTrigger.v 文件

打开 DTrigger.v 文件编辑界面，参考程序清单 10-3，完善 DTrigger.v 文件。

程序清单 10-3

```
1.  //------------------------------------------------------------------
2.  `timescale 1ns / 1ps
3.
4.  //------------------------------------------------------------------
5.  //                              模块定义
6.  //------------------------------------------------------------------
7.  module DTrigger(
8.    input  wire CP, //时钟信号，下降沿有效
9.    input  wire D , //D
10.   output wire Q , //Q
11.   output wire Qn //Qn
12.  );
13.
14.  //------------------------------------------------------------------
15.  //                              信号定义
16.  //------------------------------------------------------------------
17.   //输入信号
18.   wire s_clk;
19.   wire s_d;
20.
21.   //输出信号
22.   reg s_q = 1'b0;
23.
24.  //------------------------------------------------------------------
25.  //                              电路实现
26.  //------------------------------------------------------------------
27.   //输入
28.   assign s_clk = CP;
29.   assign s_d   = D;
30.
31.   //输出
32.   assign Q  = s_q;
33.   assign Qn = ~s_q;
34.
35.   //信号处理
36.   always @(negedge s_clk)
37.   begin
38.     s_q <= s_d;
39.   end
40.
41.  endmodule
```

步骤 9：完善 DTrigger_top.bdf 文件

先打开 DTrigger_top.bdf 文件编辑界面，参考本章 10.3 节步骤 3 生成并完善元件 DTrigger；然后参考图 10-30，完善 DTrigger_top.bdf 文件。

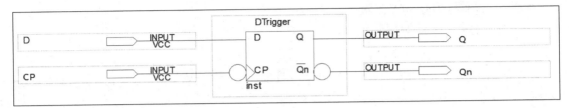

图 10-30　完善 DTrigger_top.bdf 文件

步骤 10：添加 DTrigger_top_tb.vt 仿真文件

参考 3.3 节步骤 8，先执行菜单栏命令 File→Open，选择"D:\CycloneIVDigitalTest\Product\Exp9.2_DTrigger\code"中的 DTrigger_top_tb.vt，并勾选添加到工程；然后将程序清单 10-4 中的第 22～23、28～32 行代码添加进仿真文件 DTrigger_top_tb.vt 相应的位置。

程序清单 10-4

```
1.   `timescale 1 ns/ 1 ps
2.   module DTrigger_top_tb();
3.   //constants
4.   //general purpose registers
5.   //reg eachvec;
6.   //test vector input registers
7.   reg CP = 0;
8.   reg D;
9.   //wires
10.  wire Q;
11.  wire Qn;
12.
13.  //assign statements (if any)
14.  DTrigger_top i1 (
15.  //port map - connection between master ports and signals/registers
16.      .CP(CP),
17.      .D(D),
18.      .Q(Q),
19.      .Qn(Qn)
20.  );
21.
22.  //时钟信号
23.  always #10 CP = ~CP;
24.
25.  //仿真测试
26.  always
27.  begin
28.    D <= 1'b0;
29.    #100;
30.
31.    D <= 1'b1;
```

```
32.    #100;
33. end
34.
35. endmodule
```

完善仿真文件后，先参考 3.3 节步骤 8 执行菜单栏命令 Assignments→Settings，将 DTrigger_top_tb.vt 与 ModelSim 进行关联；然后单击 ▶ 按钮编译工程并进行仿真，仿真结果如图 10-31 所示，参考表 10-3 和图 10-6 的 D 触发器特性表及状态转换图，验证仿真结果。

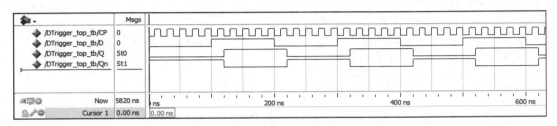

图 10-31　DTrigger_top_tb 仿真结果

步骤 11：DTrigger_top 引脚约束

执行菜单栏命令 Assignments→Pin Planner 进行引脚约束，各端口对应引脚及 I/O 电平标准如图 10-29 所示。

Node Name	Direction	Location	I/O Bank	VREF Group	Fitter Location	I/O Standard	Reserved
CP	Input	PIN_AA11	3	B3_N0	PIN_AB10	3.3-V LVTTL	
D	Input	PIN_W7	3	B3_N1	PIN_V11	3.3-V LVTTL	
Q	Output	PIN_Y4	3	B3_N1	PIN_Y10	3.3-V LVTTL	
Qn	Output	PIN_W6	3	B3_N1	PIN_W10	3.3-V LVTTL	

图 10-32　DTrigger_top 引脚约束

引脚约束完成后，先参考 3.3 节步骤 9 将空闲引脚设置为高阻态输入；然后参考 3.3 节步骤 10 编译工程生成.sof 文件，下载到 FPGA 高级开发系统上，拨动 SW_0 和 SW_{15}，检查 $LED_0 \sim LED_1$ 输出是否与 D 触发器的特性表和驱动表一致。

步骤 12：新建 JKTrigger 原理图工程

首先，将"D:\CycloneIVDigitalTest\Material"文件夹中的 Exp9.3_JKTrigger 文件夹复制到"D:\CycloneIVDigitalTest\Product"文件夹中。然后，参考 5.3 节步骤 1，在目录"D:\CycloneIVDigitalTest\Product\Exp9.3_JKTrigger\project"中新建工程名为 JKTrigger、顶层文件名为 JKTrigger_top 的工程。

新建工程后，参考 5.3 节步骤 1，将"D:\CycloneIVDigitalTest\Product\Exp9.3_JKTrigger\code"中的 JKTrigger.v 和 JKTrigger_top.bdf 文件添加到工程中。

步骤 13：完善 JKTrigger.v 文件

打开 JKTrigger.v 文件编辑界面，参考程序清单 10-5，完善 JKTrigger.v 文件。

程序清单 10-5

```
1.  `timescale 1ns / 1ps
2.
3.  //----------------------------------------------------------------
4.  //                        模块定义
```

```
5.    //--------------------------------------------------------------------
6.    module JKTrigger(
7.      input  wire CP, //时钟信号，下降沿有效
8.      input  wire J , //J
9.      input  wire K , //K
10.     output wire Q , //Q
11.     output wire Qn  //Qn
12.   );
13.
14.   //--------------------------------------------------------------------
15.   //                              信号定义
16.   //--------------------------------------------------------------------
17.     //输入信号
18.     wire s_clk;
19.     wire s_j;
20.     wire s_k;
21.
22.     //输出信号
23.     reg s_q = 1'b0;
24.
25.   //--------------------------------------------------------------------
26.   //                              电路实现
27.   //--------------------------------------------------------------------
28.     //输入
29.     assign s_clk = CP;
30.     assign s_j   = J;
31.     assign s_k   = K;
32.
33.     //输出
34.     assign Q  = s_q;
35.     assign Qn = ~s_q;
36.
37.     //信号处理
38.     always @(negedge s_clk)
39.     begin
40.       s_q <= (~s_q & s_j) | (~s_k & s_q);
41.     end
42.
43.   endmodule
```

步骤 14：完善 JKTrigger_top.bdf 文件

先打开 JKTrigger_top.bdf 文件编辑界面，参考本章 10.3 节步骤 3 生成并完善元件 JKTrigger；然后参考图 10-33，完善 JKTrigger_top.bdf 文件。

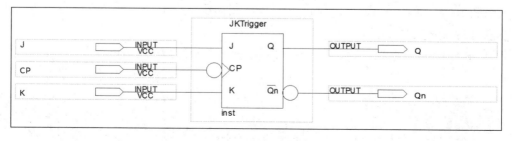

图 10-33　完善 JKTrigger_top.bdf 文件

步骤 15：添加 JKTrigger_top_tb.vt 仿真文件

参考 3.3 节步骤 8，先执行菜单栏命令 File→Open，选择"D:\CycloneIVDigitalTest\Product\Exp9.3_JKTrigger \code" 中的 JKTrigger_top_tb.vt，并勾选添加到工程；然后将程序清单 10-6 中的第 24～25 和 30～44 行代码添加进仿真文件 JKTrigger_top_tb.vt 相应的位置。

程序清单 10-6

```
1.    `timescale 1 ns/ 1 ps
2.    module JKTrigger_top_tb();
3.    //constants
4.    //general purpose registers
5.    //reg eachvec;
6.    //test vector input registers
7.    reg CP = 1'b0;
8.    reg J;
9.    reg K;
10.   //wires
11.   wire Q;
12.   wire Qn;
13.
14.   //assign statements (if any)
15.   JKTrigger_top i1 (
16.   //port map - connection between master ports and signals/registers
17.        .CP(CP),
18.        .J(J),
19.        .K(K),
20.        .Q(Q),
21.        .Qn(Qn)
22.   );
23.
24.   //时钟信号
25.   always #10 CP <= ~CP;
26.
27.   //仿真测试
28.   always
29.   begin
30.     J <= 1'b0;
31.     K <= 1'b0;
32.     #100;
33.
34.     J <= 1'b0;
35.     K <= 1'b1;
36.     #100;
37.
38.     J <= 1'b1;
39.     K <= 1'b0;
40.     #100;
41.
42.     J <= 1'b1;
43.     K <= 1'b1;
44.     #100;
45.   end
```

```
46.
47. endmodule
```

完善仿真文件后，先参考 3.3 节步骤 8，执行菜单栏命令 Assignments→Settings，将 JKTrigger_top_tb.vt 与 ModelSim 进行关联；然后单击 ▶ 按钮编译工程并进行仿真，仿真结果如图 10-34 所示，参考表 10-5 和图 10-10 的 JK 触发器特性表及状态转换图，验证仿真结果。

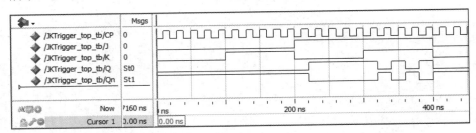

图 10-34　JKTrigger_top_tb 仿真结果

步骤 16：JKTrigger_top 引脚约束

执行菜单栏命令 Assignments→Pin Planner 进行引脚约束，各端口对应引脚及 I/O 电平标准如图 10-35 所示。

Node Name	Direction	Location	I/O Bank	VREF Group	Fitter Location	I/O Standard	Reserved
in CP	Input	❶ PIN_AA11	3	B3_N0	PIN_R6 ❷	3.3-V LVTTL	
in J	Input	PIN_W7	3	B3_N1	PIN_P8	3.3-V LVTTL	
in K	Input	PIN_Y8	3	B3_N0	PIN_T5	3.3-V LVTTL	
out Q	Output	PIN_Y4	3	B3_N1	PIN_R9	3.3-V LVTTL	
out Qn	Output	PIN_W6	3	B3_N1	PIN_T8	3.3-V LVTTL	

图 10-35　JKTrigger_top 引脚约束

引脚约束完成后，先参考 3.3 节步骤 9 将空闲引脚设置为高阻态输入；然后参考 3.3 节步骤 10 编译工程生成 .sof 文件，下载到 FPGA 高级开发系统上，拨动 SW_0、SW_1 和 SW_{15}，检查 $LED_0 \sim LED_1$ 输出是否与 JK 触发器的特性表和驱动表一致。

步骤 17：新建 TTrigger 工程

首先，将 "D:\CycloneIVDigitalTest\Material" 文件夹中的 Exp9.4_TTrigger 文件夹复制到 "D:\CycloneIVDigitalTest\Product" 文件夹中。然后，参考 5.3 节步骤 1，在目录 "D:\CycloneIVDigitalTest\Product\Exp9.4_TTrigger\project" 中新建工程名为 TTrigger、顶层文件名为 TTrigger_top 的工程。

新建工程后，参考 5.3 节步骤 1，将 "D:\CycloneIVDigitalTest\Product\Exp9.4_TTrigger\code" 中的 TTrigger.v 和 TTrigger_top.bdf 文件添加到工程中。

步骤 18：完善 TTrigger.v 文件

打开 TTrigger.v 文件编辑界面，参考程序清单 10-7，完善 TTrigger.v 文件。

程序清单 10-7

```
1.  `timescale 1ns / 1ps
2.
3.  //--------------------------------------------------------------------------
4.  //                                                          模块定义
```

```
5.   //--------------------------------------------------------------------------
6.   module TTrigger(
7.     input  wire CP, //时钟信号，下降沿有效
8.     input  wire T , //T
9.     output wire Q , //Q
10.    output wire Qn  //Qn
11.  );
12.
13.  //--------------------------------------------------------------------------
14.  //                            参数定义
15.  //--------------------------------------------------------------------------
16.
17.  //--------------------------------------------------------------------------
18.  //                            信号定义
19.  //--------------------------------------------------------------------------
20.    //输入信号
21.    wire s_clk;
22.    wire s_t;
23.
24.    //输出信号
25.    reg s_q = 1'b0;
26.
27.  //--------------------------------------------------------------------------
28.  //                            模块例化
29.  //--------------------------------------------------------------------------
30.
31.  //--------------------------------------------------------------------------
32.  //                            电路实现
33.  //--------------------------------------------------------------------------
34.    //输入
35.    assign s_clk = CP;
36.    assign s_t   = T;
37.
38.    //输出
39.    assign Q  = s_q;
40.    assign Qn = ~s_q;
41.
42.    //信号处理
43.    always @(negedge s_clk)
44.    begin
45.      s_q <= (~s_q & s_t) | (~s_t & s_q);
46.    end
47.
48.  endmodule
```

步骤 19：完善 TTrigger_top.bdf 文件

先打开 TTrigger_top.bdf 文件编辑界面，参考本章 10.3 节步骤 3 生成并完善元件 TTrigger；然后参考图 10-36，完善 TTrigger_top.bdf 文件。

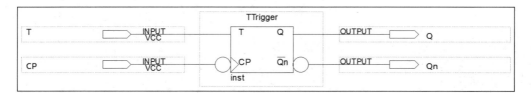

图 10-36　完善 TTrigger_top.bdf 文件

步骤 20：添加 TTrigger_top_tb.vt 仿真文件

先参考 3.3 节步骤 8，执行菜单栏命令 File→Open，选择"D:\CycloneIVDigitalTest\Product\Exp9.4 TTrigger \code"中的 TTrigger_top_tb.vt，并勾选添加到工程；然后将程序清单 10-8 中的第 22 至 23 和 28 至 32 行代码添加进仿真文件 TTrigger_top_tb.vt 相应的位置。

程序清单 10-8

```
1.    `timescale 1 ns/ 1 ps
2.    module TTrigger_top_tb();
3.    //constants
4.    //general purpose registers
5.    //reg eachvec;
6.    //test vector input registers
7.    reg CP = 1'b0;
8.    reg T;
9.    //wires
10.   wire Q;
11.   wire Qn;
12.
13.   //assign statements (if any)
14.   TTrigger_top i1 (
15.   //port map - connection between master ports and signals/registers
16.       .CP(CP),
17.       .Q(Q),
18.       .Qn(Qn),
19.       .T(T)
20.   );
21.
22.   //时钟信号
23.   always #10 CP = ~CP;
24.
25.   //仿真信号
26.   always
27.   begin
28.     T = 1'b0;
29.     #100;
30.
31.     T = 1'b1;
32.     #100;
33.   end
34.
35.   endmodule
```

完善仿真文件后，先参考 3.3 节步骤 8 执行菜单栏命令 Assignments→Settings，将

TTrigger_top_tb.vt 与 ModelSim 进行关联；然后单击 ▶ 按钮编译工程并进行仿真，仿真结果如图 10-37 所示，参考表 10-7 和图 10-14 的 T 触发器特性表及状态转换图，验证仿真结果。

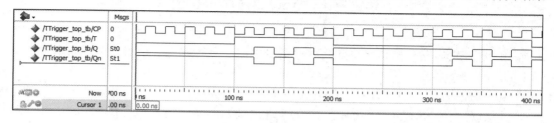

图 10-37 TTrigger_top_tb 仿真结果

步骤 21：TTrigger_top 引脚约束

执行菜单栏命令 Assignments→Pin Planner 进行引脚约束，各端口对应引脚及 I/O 电平标准如图 10-38 所示。

Node Name	Direction	Location	I/O Bank	VREF Group	Fitter Location	I/O Standard	Reserved
in CP	Input	❶ PIN_AA11	3	B3_N0	PIN_P3 ❷	3.3-V LVTTL	
out Q	Output	PIN_Y4	2	B2_N1	PIN_U1	3.3-V LVTTL	
out Qn	Output	PIN_W6	3	B3_N1	PIN_U2	3.3-V LVTTL	
in T	Input	PIN_W7	3	B3_N1	PIN_V2	3.3-V LVTTL	

图 10-38 TTrigger_top 引脚约束

引脚约束完成后，先参考 3.3 节步骤 9 将空闲引脚设置为高阻态输入；然后参考 3.3 节步骤 10 编译工程生成.sof 文件，下载到 FPGA 高级开发系统上，拨动 SW_0 和 SW_{15}，检查 $LED_0 \sim LED_1$ 输出是否与 T 触发器的特性表和驱动表一致。注意：拨动开关拨动的瞬间电平可能会产生抖动，出现多个下降沿，因此拨动一次 SW_{15} 后可能会产生多次反转。在后边的实验中将介绍如何利用核心板上的 50MHz 晶振提供系统时钟信号。

本 章 任 务

【任务 1】 在 Quartus Prime 环境下使用原理图输入方式，将 JK 触发器转换为 RS、D、T 触发器。编写测试激励文件，对该电路进行仿真；设置引脚约束，其中输入使用拨动开关，输出使用 LED。在 Quartus Prime 环境中生成.sof 文件，并下载到 FPGA 高级开发系统进行板级验证。

【任务 2】在 Quartus Prime 环境下使用原理图输入方式，将 D 触发器转换为 RS、JK、T 触发器。编写测试激励文件，对该电路进行仿真；设置引脚约束，其中输入使用拨动开关，输出使用 LED。在 Quartus Prime 环境中生成.sof 文件，并下载到 FPGA 高级开发系统进行板级验证。

本 章 习 题

分析触发器和锁存器的异同点，尝试用 Verilog HDL 分别设计 8 位 D 触发器和 D 锁存器。

第11章 同步时序逻辑电路分析与设计

同步时序逻辑电路分析是指已知某时序逻辑电路，分析其逻辑功能。由于同步时序逻辑电路中的所有触发器是受同一时钟控制的，同步时序逻辑电路的分析应依次遵循以下4个步骤：① 列出时钟方程、输出方程、各个触发器的驱动方程；② 将驱动方程代入触发器的特性方程，得到各个触发器的状态方程；③ 根据状态方程和输出方程进行计算，求出各种不同输入与现态情况下的次态与输出，再根据计算结果列出状态表；④ 画状态图和时序图，并确定逻辑功能。

同步时序逻辑电路设计是指根据具体的逻辑要求，利用最少的触发器和门电路设计出满足逻辑要求的电路。通常，同步时序逻辑电路设计应依次遵循以下6个步骤：① 分析逻辑功能要求，画符号状态转换图；② 化简状态；③ 确定触发器的数目，进行状态分配，画状态转换图；④ 选定触发器类型，列出电路输出方程；⑤ 检查能否自启动；⑥ 画出逻辑电路图。

本实验先对一个同步时序逻辑电路进行分析，然后对该电路进行仿真，再设置引脚约束，在 FPGA 高级开发系统上进行板级验证；根据状态转换图，设计对应的同步时序逻辑电路，然后对该电路进行仿真，再设置引脚约束，在 FPGA 高级开发系统上进行板级验证。

11.1 预 备 知 识

（1）同步时序逻辑电路分析方法。
（2）同步时序逻辑电路设计步骤。

11.2 实 验 内 容

11.2.1 同步时序逻辑电路的分析

分析如图 11-1 所示的同步时序逻辑电路：① 列出时钟方程、输出方程和驱动方程；② 将驱动方程代入 JK 触发器的特性方程，求各个触发器的状态方程；③ 根据状态方程和输出方程进行计算，列出状态表；④ 画状态图和时序图。

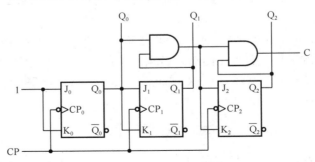

图 11-1 同步时序逻辑电路

在 Quartus Prime 环境中，将如图 11-1 所示的电路的输入信号命名为 CP，将输出信号命名为 Q0～Q2，如图 11-2 所示。编写测试激励文件，对该电路进行仿真。

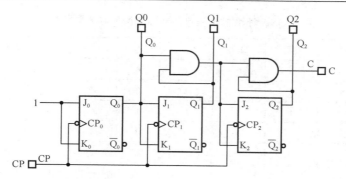

图 11-2　如图 11-1 所示的电路输入/输出信号在 Quartus Prime 环境中的命名

完成仿真后，进行引脚约束，其中时钟输入 CP 连接到 Clock 分频模块的 1Hz 输出端，Clock 分频模块的输入与 50MHz 有源晶振的输出相连，对应 EP4CE15F23C8N 芯片引脚为 T1，输出 Q0～Q2、C 使用 LED$_0$～LED$_3$ 来表示，对应 EP4CE15F23C8N 芯片引脚依次为 Y4、W6、U7、V4，如图 11-3 所示。使用 Quartus Prime 环境生成 .sof 文件，并下载到 FPGA 高级开发系统进行板级验证。

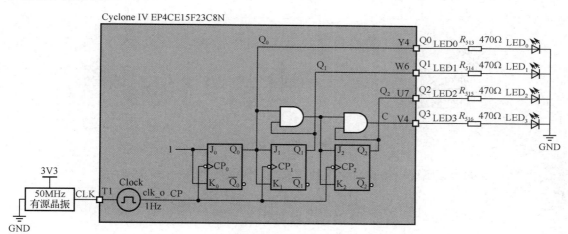

图 11-3　如图 11-1 所示的电路与外部电路连接图

11.2.2　同步时序逻辑电路的设计

用下降沿动作的 JK 触发器设计一个同步时序逻辑电路，要求其状态转换图如图 11-4 所示。

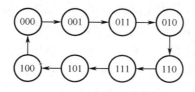

图 11-4　状态转换图

根据如图 11-4 所示的状态转换图，利用 JK 触发器的驱动特性，得到状态转换表和驱动信号真值表，如表 11-1 所示。

表 11-1　状态转换表和驱动信号真值表

Q_2^n	Q_1^n	Q_0^n	Q_2^{n+1}	Q_1^{n+1}	Q_0^{n+1}	J_2	K_2	J_1	K_1	J_0	K_0
0	0	0	0	0	1	0	×	0	×	1	×
0	0	1	0	1	1	0	×	1	×	×	0
0	1	0	1	1	0	1	×	×	0	0	×
0	1	1	0	1	0	0	×	×	0	×	1
1	0	0	0	0	0	×	1	0	×	0	×
1	0	1	1	0	0	×	0	0	×	×	1
1	1	0	1	1	1	×	0	×	0	1	×
1	1	1	1	0	1	×	0	×	1	×	0

由表 11-1 画出各个驱动信号的卡诺图，如图 11-5 所示。

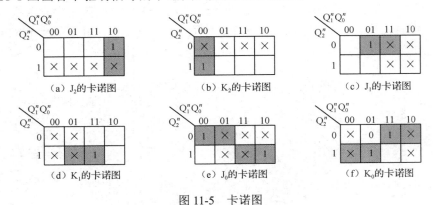

（a）J_2 的卡诺图　　　　（b）K_2 的卡诺图　　　　（c）J_1 的卡诺图

（d）K_1 的卡诺图　　　　（e）J_0 的卡诺图　　　　（f）K_0 的卡诺图

图 11-5　卡诺图

由图 11-5 的卡诺图可以很容易地得到触发器的驱动方程：

$$J_2 = Q_1^n \overline{Q}_0^n$$
$$J_1 = \overline{Q}_2^n Q_0^n$$
$$J_0 = Q_2^n Q_1^n + \overline{Q}_2^n \overline{Q}_1^n$$
$$K_2 = \overline{Q}_1^n \overline{Q}_0^n$$
$$K_1 = Q_2^n Q_0^n$$
$$K_0 = Q_2^n \overline{Q}_1^n + \overline{Q}_2^n Q_1^n$$

在本电路中，除触发器的输出外，无其他输出信号，因此不需要求输出方程。从状态转换图可以看出，所有的状态构成一个循环，电路能够自启动。

根据以上求得的驱动方程，画出电路的逻辑图，如图 11-6 所示。

在 Quartus Prime 环境中，将如图 11-6 所示电路的输入信号命名为 CP，将输出信号命名为 Q0～Q2，如图 11-7 所示。编写测试激励文件，对该电路进行仿真。

完成仿真后，进行引脚约束，其中时钟输入 CP 连接到 Clock 分频模块的 1Hz 输出端，Clock 分频模块的输入与 50MHz 有源晶振的输出相连，对应 EP4CE15F23C8N 芯片引脚为 T1，输出 Q0～Q2 使用 LED$_0$～LED$_2$ 来表示，对应 EP4CE15F23C8N 芯片引脚依次为 Y4、W6、U7，如图 11-8 所示。使用 Quartus Prime 环境生成 .sof 文件，并下载到 FPGA 高级开发系统进行板级验证。

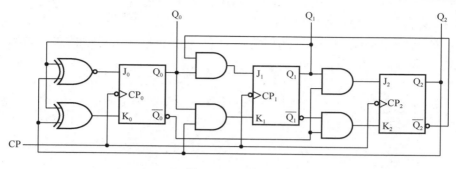

图 11-6　逻辑图

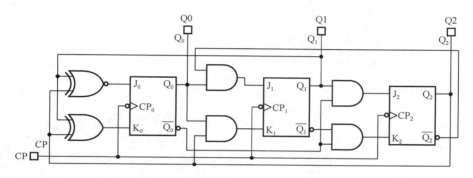

图 11-7　如图 11-6 所示的电路输入/输出信号在 Quartus Prime 环境中的命名

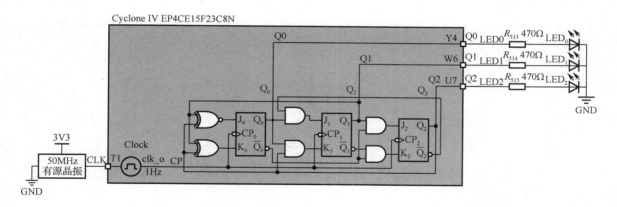

图 11-8　如图 11-6 所示的电路与外部电路连接图

11.3　实　验　步　骤

步骤 1：新建 SynAnalyze 原理图工程

首先，将"D:\CycloneIVDigitalTest\Material"文件夹中的 Exp10.1_SynAnalyze 文件夹复制到"D:\CycloneIVDigitalTest\Product"文件夹中。然后，参考 5.3 节步骤 1，在目录"D:\CycloneIVDigitalTest\Product\Exp10.1_SynAnalyze\project"中新建工程名和顶层文件名均为 SynAnalyze 的工程。

新建工程后，参考 5.3 节步骤 1，将"D:\CycloneIVDigitalTest\Product\Exp10.1_SynAnalyze\code"中的 Clock.v、JKTrigger.bdf 和 SynAnalyze.bdf 文件添加到工程中。

步骤 2：完善 SynAnalyze.bdf 文件

首先，打开 SynAnalyze.bdf 文件编辑界面，在 SynAnalyze 电路中使用了 VCC 来输出高电平，VCC 的添加方法如图 11-9 所示。

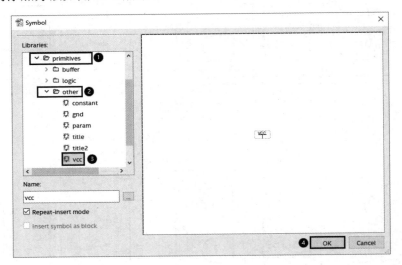

图 11-9　添加 VCC

然后，参考图 11-10，完善 SynAnalyze.bdf 文件，其中的元件 Clock.dsf 和 JKTrigger.dsf 在本实验的 symbol 文件夹中。

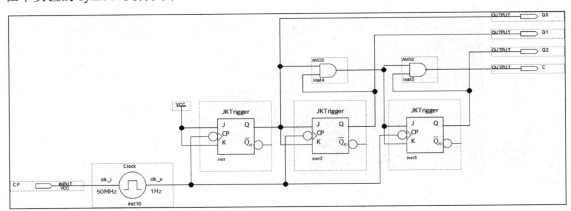

图 11-10　SynAnalyze

元件 Clock 是通过 Clock.v 文件生成的，FPGA 高级开发系统的系统时钟频率为 50MHz、周期为 20ns，如果直接用该时钟作为 JKTrigger 的时钟输入，则这样高速的频率以人类的眼睛是不可能捕捉到实验现象的，Clock 的作用便是将 50MHz 的时钟分频为 1Hz 时钟作为本实验的触发时钟，以便于我们在 FPGA 高级开发系统上观察实验现象。在本书提供的 Material 中已经有生成好的 Clock 元件，只需要在相应实验的 symbol 文件夹中找到并添加即可。

Clock.v 的代码如程序清单 11-1 所示，其中，第 14、15 行定义的是分频参数，Clock 会在 50MHz 时钟的每个上升沿进行一次计数，当计数值为 0～CNT_HALF 时，分频时钟输出为 0；反之，当计数值为 CNT_HALF～CNT_MAX 时，输出为 1，在 1Hz 分频中，CNT_HALF

值为 24999999，也就是低电平持续了 25000000×20ns，即 500ms 的时间，同样高电平也持续了 500ms，由此便实现了 1Hz 的时钟输出。此外，通过修改 CNT_HALF 和 CNT_MAX 的值还可以实现不同分频的时钟输出。例如，当 CNT_HALF 和 CNT_MAX 为 0 与 1 时，分频后的频率便为 50MHz/(CNT_MAX+1)=25MHz。

程序清单 11-1

```verilog
1.  `timescale 1ns / 1ps
2.
3.  //----------------------------------------------------------------
4.  //                              模块定义
5.  //----------------------------------------------------------------
6.  module Clock(
7.    input  wire clk_i, //时钟输入，50MHz
8.    output reg  clk_o  //时钟输出，1Hz
9.  );
10.
11. //----------------------------------------------------------------
12. //                              参数定义
13. //----------------------------------------------------------------
14.   parameter CNT_MAX  = 26'd49_999_999; //0 计数到 49999999 为 50000000
15.   parameter CNT_HALF = 26'd24_999_999; //0 计数到 24999999 为 25000000
16.
17. //----------------------------------------------------------------
18. //                              信号定义
19. //----------------------------------------------------------------
20.   reg [25:0] s_cnt = 26'd0;
21.
22. //----------------------------------------------------------------
23. //                              电路实现
24. //----------------------------------------------------------------
25.   //时钟计数
26.   always @(posedge clk_i) begin
27.
28.     if(s_cnt >= CNT_MAX) begin
29.       s_cnt <= 26'd0;
30.     end
31.     else begin
32.       s_cnt <= s_cnt + 26'd1;
33.     end
34.   end
35.
36.   //分频时钟输出
37.   always @(posedge clk_i) begin
38.     if(s_cnt <= CNT_HALF) begin
39.       clk_o <= 1'b0;
40.     end
41.     else begin
42.       clk_o <= 1'b1;
43.     end
44.   end
45.
46. endmodule
```

步骤 3：添加 SynAnalyze_tb.vt 仿真文件

在添加仿真文件之前，需要先对 Clock 的分频频率进行修改，以减少仿真过程等待的时长，打开 Clock.v 文件，如程序清单 11-2 所示，将 CNT_HALF 和 CNT_MAX 的值修改为 0 与 1，对原来的值先进行注释，待仿真验证成功后再将数值修改回原值。

程序清单 11-2

```
1.  //-------------------------------------------------------------------------
2.  //                            参数定义
3.  //-------------------------------------------------------------------------
4.    //parameter CNT_MAX  = 26'd49_999_999; //0 计数到 49999999 为 50000000
5.    //parameter CNT_HALF = 26'd24_999_999; //0 计数到 24999999 为 25000000
6.
7.    parameter CNT_MAX  = 26'd1; //仿真时钟参数
8.    parameter CNT_HALF = 26'd0; //仿真时钟参数
```

先参考 3.3 节步骤 8，执行菜单栏命令 File→Open，选择"D:\CycloneIVDigitalTest\Product\Exp10.1_SynAnalyze\code"中的 SynAnalyze_tb.vt，并勾选添加到工程；然后将程序清单 11-3 中的第 14 至 16 和 28 行代码添加进仿真文件 SynAnalyze_tb.vt 相应的位置。

程序清单 11-3

```
1.  `timescale 1 ns/ 1 ps
2.  module SynAnalyze_tb();
3.  //constants
4.  //general purpose registers
5.  //reg eachvec;
6.  //test vector input registers
7.  reg CP = 0;
8.  //wires
9.  wire C;
10. wire Q0;
11. wire Q1;
12. wire Q2;
13.
14. wire [2:0] s_q;
15.
16. assign s_q = {Q2, Q1, Q0};
17.
18. //assign statements (if any)
19. SynAnalyze i1 (
20. //port map - connection between master ports and signals/registers
21.     .C(C),
22.     .CP(CP),
23.     .Q0(Q0),
24.     .Q1(Q1),
25.     .Q2(Q2)
26. );
27.
```

```
28. always #10 CP = ~CP;
29.
30. endmodule
```

完善仿真文件后，先参考 3.3 节步骤 8 执行菜单栏命令 Assignments→Settings，将 SynAnalyze_tb.vt 与 ModelSim 进行关联；然后单击 ▶ 按钮编译工程并进行仿真，仿真结果如图 11-11 所示，结合对图 11-1 的同步时序逻辑电路的分析，验证仿真结果。注意，仿真验证无误后要将 Clock 的分频参数修改回原值，否则在板级验证过程中会因为频率过快而无法观察到实验现象。

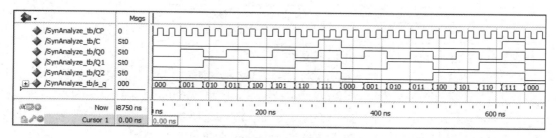

图 11-11　SynAnalyze_tb 仿真结果

步骤 4：SynAnalyze 引脚约束

执行菜单栏命令 Assignments→Pin Planner 进行引脚约束，各端口对应引脚及 I/O 电平标准如图 11-12 所示。

Node Name	Direction	Location	I/O Bank	VREF Group	Fitter Location	I/O Standard	Reserved
C	Output	PIN_V4 ❶	2	B2_N1	PIN_Y6 ❷	3.3-V LVTTL	
CP	Input	PIN_T1	2	B2_N0	PIN_G1	3.3-V LVTTL	
Q0	Output	PIN_Y4	3	B3_N1	PIN_AA3	3.3-V LVTTL	
Q1	Output	PIN_W6	3	B3_N1	PIN_AA4	3.3-V LVTTL	
Q2	Output	PIN_U7	3	B3_N1	PIN_AB3	3.3-V LVTTL	

图 11-12　SynAnalyze 引脚约束

引脚约束完成后，先参考 3.3 节步骤 9 将空闲引脚设置为高阻态输入；然后参考 3.3 节步骤 10 编译工程生成 .sof 文件，下载到 FPGA 高级开发系统上，检查 LED_0～LED_3 输出是否与同步时序逻辑电路的分析一致。

步骤 5：新建 SynDesign 原理图工程

首先，将"D:\CycloneIVDigitalTest\Material"文件夹中的 Exp10.2_SynDesign 文件夹复制到"D:\CycloneIVDigitalTest\Product"文件夹中。然后，参考 5.3 节步骤 1，在目录"D:\CycloneIVDigitalTest\Product\Exp10.2_SynDesign\project"中新建工程名和顶层文件名均为 SynDesign 的工程。

新建工程后，参考 5.3 节步骤 1，将"D:\CycloneIVDigitalTest\Product\Exp10.2_SynDesign\code"中的 Clock.v、JKTrigger.bdf 和 SynDesign.bdf 文件添加到工程中。

步骤 6：完善 SynDesign.bdf 文件

打开 SynDesign.bdf 文件编辑界面，参考图 11-13，完善 SynAnalyze.bdf 文件，其中的元件 Clock.dsf 和 JKTrigger.dsf 在本实验的 symbol 文件夹中。

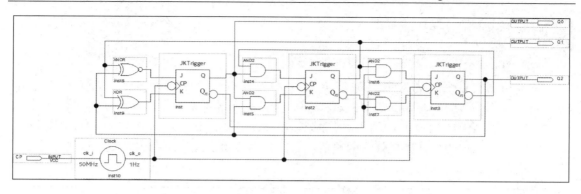

图 11-13 SynDesign

步骤 7：添加 SynDesign_tb.vt 仿真文件

首先参考 11.3 节步骤 3，将 Clock.v 的 CNT_HALF 和 CNT_MAX 的值修改为 0 与 1；然后参考 3.3 节步骤 8，执行菜单栏命令 File→Open，选择 "D:\CycloneIVDigitalTest\Product\Exp10.2_SynAnalyze\code" 中的 SynAnalyze_tb.vt，并勾选添加到工程，将程序清单 11-4 中的第 13 至 15 和 26 行代码添加进仿真文件 SynDesign_tb.vt 相应的位置。

程序清单 11-4

```
1.   `timescale 1 ns/ 1 ps
2.   module SynDesign_tb();
3.   //constants
4.   //general purpose registers
5.   //reg eachvec;
6.   //test vector input registers
7.   reg CP = 1'b0;
8.   //wires
9.   wire Q0;
10.  wire Q1;
11.  wire Q2;
12.
13.  wire [2:0] s_q;
14.
15.  assign s_q = {Q2, Q1, Q0};
16.
17.  //assign statements (if any)
18.  SynDesign i1 (
19.  //port map - connection between master ports and signals/registers
20.      .CP(CP),
21.      .Q0(Q0),
22.      .Q1(Q1),
23.      .Q2(Q2)
24.  );
25.
26.  always #10 CP = ~CP;
27.
28.  endmodule
```

完善仿真文件后，先参考 3.3 节步骤 8 执行菜单栏命令 Assignments→Settings，将

SynDesign_tb.vt 与 ModelSim 进行关联；然后单击 ▶ 按钮编译工程并进行仿真，仿真结果如图 11-14 所示，参考图 11-4 的状态转换图，验证仿真结果。注意，仿真验证无误后要将 Clock 的分频参数修改回原值。

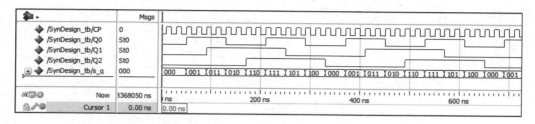

图 11-14　SynDesign_tb 仿真结果

步骤 8：SynDesign 引脚约束

执行菜单栏命令 Assignments→Pin Planner 进行引脚约束，各端口对应引脚及 I/O 电平标准如图 11-15 所示。

Node Name	Direction	Location	I/O Bank	VREF Group	Fitter Location	I/O Standard	Reserved
in CP	Input	❶ PIN_T1	2	B2_N0	PIN_G1 ❷	3.3-V LVTTL	
out Q0	Output	PIN_Y4	3	B3_N1	PIN_B2	3.3-V LVTTL	
out Q1	Output	PIN_W6	3	B3_N1	PIN_B1	3.3-V LVTTL	
out Q2	Output	PIN_U7	3	B3_N1	PIN_G5	3.3-V LVTTL	

图 11-15　SynDesign 引脚约束

引脚约束完成后，先参考 3.3 节步骤 9 将空闲引脚设置为高阻态输入；然后参考 3.3 节步骤 10 编译工程生成 .sof 文件，下载到 FPGA 高级开发系统上，检查 $LED_0 \sim LED_2$ 输出是否与同步时序逻辑电路设计的状态转换图一致。

本 章 任 务

【任务 1】　首先，参考本章实验内容中的同步时序逻辑电路的分析方法，分析如图 11-16 所示的同步时序逻辑电路。然后，在 Quartus Prime 环境下对该电路进行仿真，再设置引脚约束，在 FPGA 高级开发系统上进行板级验证。

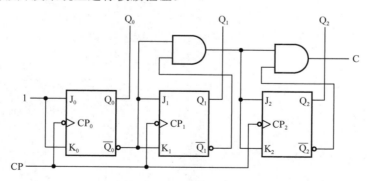

图 11-16　任务 1 的逻辑电路

【任务 2】首先，参考本章实验内容中的同步时序逻辑电路的设计方法，用下降沿动作的 JK 触发器设计一个同步五进制减法计数器，要求其状态转换图如图 11-17 所示，而且能够自启动，其中 C 为输出。然后，在 Quartus Prime 环境下对该电路进行仿真，再设置引脚约束，在 FPGA 高级开发系统上进行板级验证。

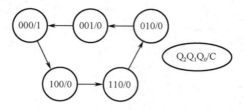

图 11-17　任务 2 的状态转换图

本 章 习 题

1. 在任务 2 的基础上增加计数显示功能，尝试用 Verilog HDL 实现。

2. 设计 8 位同步计数器，并利用该计数器实现 8 位流水灯电路设计，尝试用 Verilog HDL 实现。

第 12 章　异步时序逻辑电路分析与设计

异步时序逻辑电路分析与同步时序逻辑电路分析基本相同，但由于异步时序逻辑电路中各个触发器的时钟信号不统一，即各个触发器的状态方程不是同时成立的，因此分析异步时序逻辑电路时，必须确定触发器的时钟信号是否有效。异步时序逻辑电路的分析应遵循以下4个步骤：① 根据逻辑图列出时钟方程、输出方程及各个触发器的驱动方程；② 将驱动方程代入触发器的特性方程，得到各个触发器的状态方程；③ 根据时钟方程、状态方程和输出方程进行计算，求出各种不同输入和现态情况下电路的次态与输出，再根据计算结果列出状态表，计算时要根据各个触发器的时钟方程来确定触发器的时钟信号是否有效，如果时钟信号有效，则按照状态方程计算触发器的次态，如果时钟信号无效，则触发器的状态不变；④ 画状态图和时序图。

异步时序逻辑电路中的各个触发器的状态改变是不同步的，当设计异步时序逻辑电路时，除要遵循异步时序逻辑电路的设计步骤外，还要考虑给每个触发器选择适合的时钟信号。选择时钟信号时应注意以下两点：① 当触发器状态发生变化时，必须存在有效的时钟信号；② 当触发器状态不发生变化的其他时刻，最好无有效的时钟信号。

本实验先对一个异步时序逻辑电路进行分析，然后对该电路进行仿真，再设置引脚约束，在 FPGA 高级开发系统上进行板级验证；根据状态转换图，先设计对应的异步时序逻辑电路，然后对该电路进行仿真，再设置引脚约束，在 FPGA 高级开发系统上进行板级验证。

12.1　预 备 知 识

（1）异步时序逻辑电路分析方法。
（2）异步时序逻辑电路设计步骤。

12.2　实 验 内 容

12.2.1　异步时序逻辑电路的分析

分析如图 12-1 所示的异步时序逻辑电路：① 列出时钟方程、输出方程和驱动方程；② 将驱动方程代入 JK 触发器的特性方程，求各个触发器的状态方程；③ 根据状态方程和输出方程进行计算，列出状态表；④ 画状态图和时序图。

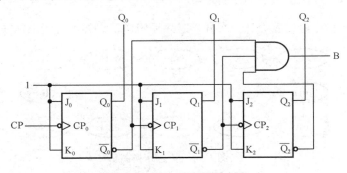

图 12-1　异步时序逻辑电路

在 Quartus Prime 环境中，将如图 12-1 所示电路输入信号命名为 CP，将输出信号命名为 Q0～Q2、B，如图 12-2 所示。编写测试激励文件，对该电路进行仿真。

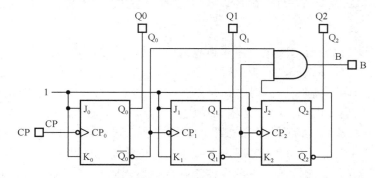

图 12-2　如图 12-1 所示的电路输入/输出信号在 Quartus Prime 环境中的命名

完成仿真后，进行引脚约束，其中时钟输入 CP 连接到 Clock 分频模块的 1Hz 输出端，Clock 分频模块的输入与 50MHz 有源晶振的输出相连，对应 EP4CE15F23C8N 芯片引脚为 T1；输出 Q0～Q2、B 使用 LED_0～LED_3 来表示，对应 EP4CE15F23C8N 芯片引脚依次为 Y4、W6、U7、V4，如图 12-3 所示。使用 Quartus Prime 环境生成 .sof 文件，并下载到 FPGA 高级开发系统进行板级验证。

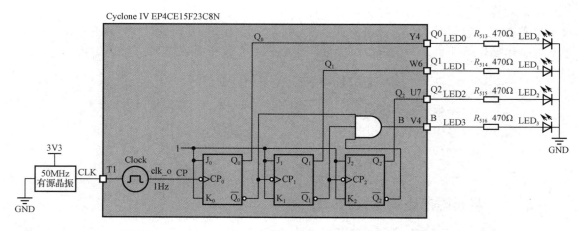

图 12-3　如图 12-1 所示的电路与外部电路连接图

12.2.2　异步时序逻辑电路的设计

用下降沿动作的 JK 触发器设计一个异步时序逻辑电路，要求其状态转换图如图 12-4 所示。

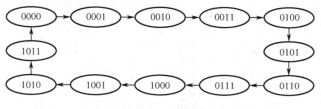

图 12-4　状态转换图

由状态转换图可以看出，电路需要 4 个触发器。由状态转换图画出电路的时序图，如图 12-5 所示。

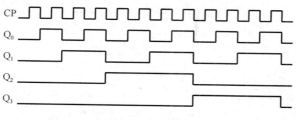

图 12-5　时序图

根据如图 12-5 所示的时序图来选定各个触发器的时钟信号。当 Q_0 发生变化时，CP_0 必须为下降沿，从该图中可见，只有 CP 信号满足要求，因此选 CP 信号作为 Q_0 触发器的时钟信号；当 Q_1 发生变化时，CP_1 必须为下降沿；从该图中可见，有 CP 和 Q_0 两个信号满足要求，由于 CP 有多余的下降沿而 Q_0 没有，因此选 Q_0 信号作为 Q_1 触发器的时钟信号；当 Q_2 发生变化时，CP_2 必须为下降沿，从该图中可见，有 CP、Q_0 和 Q_1 三个信号满足要求，由于 Q_1 多余的下降沿个数最少，因此选 Q_1 信号作为 Q_2 触发器的时钟信号；当 Q_3 发生变化时，CP_3 必须为下降沿，也有 CP、Q_0 和 Q_1 这三个信号满足要求，同样选 Q_1 信号作为 Q_3 触发器的时钟信号。

这样，得到各个触发器的时钟方程为

$$CP_0 = CP, \qquad CP_1 = Q_0$$
$$CP_2 = Q_1, \qquad CP_3 = Q_1$$

确定了各个触发器的时钟方程后，列出逻辑电路的状态转换表和驱动信号真值表，如表 12-1 所示。由于状态转换图中不包含 1100、1101、1110、1111 这 4 个状态，当现态为这 4 个状态时，次态可先设定为任意状态，这会使求得的方程更加简单。求出驱动方程后，再来确定它们实际的次态，检查电路能否自启动。

表 12-1　状态转换表和驱动信号真值表

Q_3^n	Q_2^n	Q_1^n	Q_0^n	Q_3^{n+1}	Q_2^{n+1}	Q_1^{n+1}	Q_0^{n+1}	J_3	K_3	J_2	K_2	J_1	K_1	J_0	K_0
0	0	0	0	0	0	0	1	×	×	×	×	×	×	1	×
0	0	0	1	0	0	1	0	×	×	×	×	1	×	×	1
0	0	1	0	0	0	1	1	×	×	×	×	×	×	1	×
0	0	1	1	0	1	0	0	0	×	1	×	×	1	×	1
0	1	0	0	0	1	0	1	×	×	×	×	×	×	1	×
0	1	0	1	0	1	1	0	×	×	×	×	1	×	×	1
0	1	1	0	0	1	1	1	×	×	×	×	×	×	1	×
0	1	1	1	1	0	0	0	1	×	×	1	×	1	×	1
1	0	0	0	1	0	0	1	×	×	×	×	×	×	1	×
1	0	0	1	1	0	1	0	×	×	×	×	1	×	×	1
1	0	1	0	1	0	1	1	×	×	×	×	×	×	1	×

续表

Q_3^n	Q_2^n	Q_1^n	Q_0^n	Q_3^{n+1}	Q_2^{n+1}	Q_1^{n+1}	Q_0^{n+1}	J_3	K_3	J_2	K_2	J_1	K_1	J_0	K_0
1	0	1	1	0	0	0	0	×	1	0	×	×	1	×	1
1	1	0	0	×	×	×	×	×	×	×	×	×	×	×	×
1	1	0	1	×	×	×	×	×	×	×	×	×	×	×	×
1	1	1	0	×	×	×	×	×	×	×	×	×	×	×	×
1	1	1	1	×	×	×	×	×	×	×	×	×	×	×	×

列出驱动信号的真值表时，要先根据给各个触发器选定的时钟信号，判断是否有效。如果时钟信号无效，则触发器的驱动信号既可为 0 也可为 1，对触发器的状态没有影响。例如，当现态为 0000 时，来一个 CP 下降沿，电路的次态为 0001。由于 CP 为下降沿，因此 CP_0 有效，Q_0 要由 0 变为 1，根据 JK 触发器的驱动特性，J_0 必须为 1 而 K_0 既可为 0 也可为 1；由于 Q_0 由 0 变为 1，为上升沿，因此 CP_1 无效，J_1 和 K_1 既可为 0 也可为 1；Q_1 不变，CP_2 和 CP_3 都无效，J_2、K_2、J_3、K_3 都既可为 0 也可为 1。又如，当现态为 0011 时，来一个 CP 下降沿，电路的次态为 0100。由于 CP_0 有效，Q_0 要由 1 变为 0，因此根据 JK 触发器的驱动特性，K_0 必须为 1 而 J_0 既可为 0 也可为 1；由于 Q_0 由 1 变为 0，为下降沿，CP_1 有效，Q_1 要由 1 变为 0，因此 K_1 必须为 1 而 J_1 既可为 0 也可为 1；Q_1 由 1 变为 0，为下降沿，CP_2 和 CP_3 有效，Q_2 要由 0 变为 1，J_2 必须为 1 而 K_2 既可为 0 也可为 1；Q_3 要维持 0，J_3 必须为 0 而 K_3 既可为 0 也可为 1。

由表 12-1 画出各触发器驱动信号的卡诺图，如图 12-6 所示。

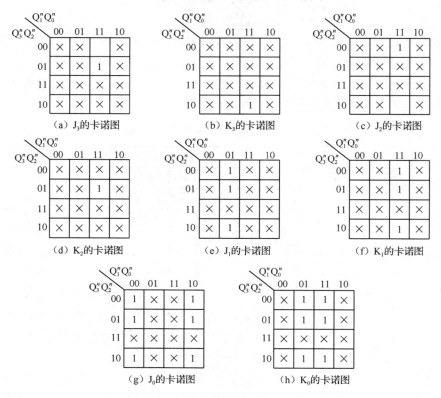

图 12-6　各触发器驱动信号的卡诺图

由卡诺图求得各个触发器的驱动方程如下：

$$J_3 = Q_2^n$$
$$K_3 = 1$$
$$J_2 = \overline{Q}_3^n$$
$$K_2 = 1$$
$$J_1 = 1$$
$$K_1 = 1$$
$$J_0 = 1$$
$$K_0 = 1$$

根据以上求得的驱动方程，可以计算出未使用状态的状态转换表，如表 12-2 所示。

表 12-2　未使用状态的状态转换表

Q_3^n	Q_2^n	Q_1^n	Q_0^n	Q_3^{n+1}	Q_2^{n+1}	Q_1^{n+1}	Q_0^{n+1}	CP	CP_0	CP_1	CP_2	CP_3
1	1	0	0	1	1	0	1	↓	↓			
1	1	0	1	1	1	1	0	↓	↓	↓		
1	1	1	0	1	1	1	1	↓	↓			
1	1	1	1	0	0	0	0	↓	↓	↓	↓	↓

按照表 12-2 的结果，将未使用状态加到状态转换图中，可以得到电路完整的状态转换图，如图 12-7 所示，由该图可见，电路能够自启动。

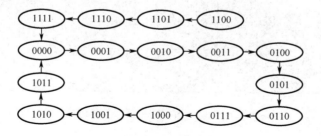

图 12-7　完整状态转换图

根据驱动方程和时钟方程画出逻辑电路图，如图 12-8 所示。

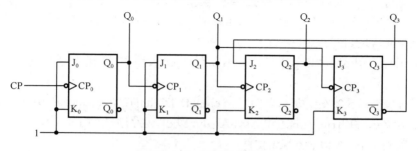

图 12-8　逻辑电路图

在 Quartus Prime 环境中，将如图 12-8 所示的电路输入信号命名为 CP，将输出信号命名为 Q0～Q3，如图 12-9 所示。编写测试激励文件，对该电路进行仿真。

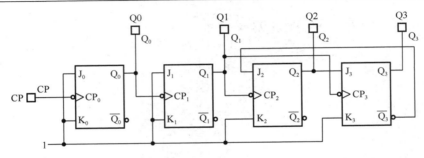

图 12-9　如图 12-8 所示的电路输入/输出信号在 Quartus Prime 环境中的命名

完成仿真后，进行引脚约束，其中时钟输入 CP 连接到 Clock 分频模块的 1Hz 输出端，Clock 分频模块的输入与 50MHz 有源晶振的输出相连，对应 EP4CE15F23C8N 芯片引脚为 T1；输出 Q0～Q3 使用 LED$_0$～LED$_3$ 来表示，对应 EP4CE15F23C8N 芯片引脚依次为 Y4、W6、U7、V4，如图 12-10 所示。使用 Quartus Prime 环境生成.sof 文件，并下载到 FPGA 高级开发系统进行板级验证。

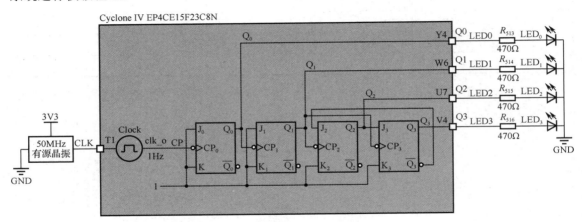

图 12-10　如图 12-8 所示的电路与外部电路连接图

12.3　实 验 步 骤

步骤 1：新建 AsynAnalyze 原理图工程

首先，将"D:\CycloneIVDigitalTest\Material"文件夹中的 Exp11.1_AsynAnalyze 文件夹复制到"D:\CycloneIVDigitalTest\Product"文件夹中。然后，参考 5.3 节步骤 1，在目录"D:\CycloneIVDigitalTest\Product\Exp11.1_AsynAnalyze\project"中新建工程名和顶层文件名均为 AsynAnalyze 的工程。

新建工程后，参考 5.3 节步骤 1，将"D:\CycloneIVDigitalTest\Product\Exp11.1_AsynAnalyze\code"中的 Clock.v、JKTrigger.bdf 和 AsynAnalyze.bdf 文件添加到工程中。

步骤 2：完善 AsynAnalyze.bdf 文件

打开 AsynAnalyze.bdf 文件编辑界面，参考图 12-11，完善 AsynAnalyze.bdf 文件，其中的元件 Clock.dsf 和 JKTrigger.dsf 在本实验的 symbol 文件夹中。

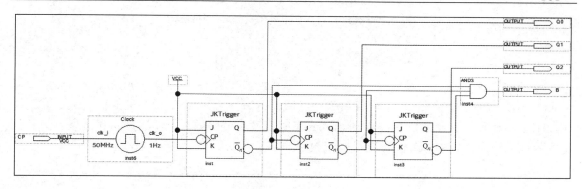

图 12-11　AsynAnalyze

步骤 3：添加 AsynAnalyze_tb.vt 仿真文件

首先参考 11.3 节步骤 3，将 Clock.v 的 CNT_HALF 和 CNT_MAX 修改为 0 与 1；然后参考 3.3 节步骤 8，执行菜单栏命令 File→Open，选择"D:\CycloneIVDigitalTest\Product\Exp11.1_AsynAnalyze\code"中的 AsynAnalyze_tb.vt，并勾选添加到工程；最后将程序清单 12-1 中的第 14 至 16 和 28 行代码添加进仿真文件 AsynAnalyze_tb.vt 相应的位置。

程序清单 12-1

```
1.    `timescale 1 ns/ 1 ps
2.    module AsynAnalyze_tb();
3.    //constants
4.    //general purpose registers
5.    //reg eachvec;
6.    //test vector input registers
7.    reg CP = 1'b0;
8.    //wires
9.    wire B;
10.   wire Q0;
11.   wire Q1;
12.   wire Q2;
13.
14.   wire [2:0] s_q;
15.
16.   assign s_q = {Q2, Q1, Q0};
17.
18.   //assign statements (if any)
19.   AsynAnalyze i1 (
20.   //port map - connection between master ports and signals/registers
21.       .B(B),
22.       .CP(CP),
23.       .Q0(Q0),
24.       .Q1(Q1),
25.       .Q2(Q2)
26.   );
27.
```

```
28. always #10 CP = ~CP;
29.
30. endmodule
```

完善仿真文件后，先参考 3.3 节步骤 8，执行菜单栏命令 Assignments→Settings，将 AsynAnalyze_tb.vt 与 ModelSim 进行关联；然后单击 ▶ 按钮编译工程并进行仿真，仿真结果如图 12-12 所示，结合对如图 12-1 所示的异步时序逻辑电路的分析，验证仿真结果。注意，仿真验证无误后要将 Clock 的分频参数修改回原值。

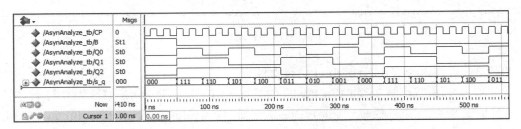

图 12-12　AsynAnalyze_tb 仿真结果

步骤 4：AsynAnalyze 引脚约束

执行菜单栏命令 Assignments→Pin Planner 进行引脚约束，各端口对应引脚及 I/O 电平标准如图 12-13 所示。

Node Name	Direction	Location	I/O Bank	VREF Group	Fitter Location	I/O Standard	Reserved
B	Output	PIN_V4	2	B2_N1	PIN_R8	3.3-V LVTTL	
CP	Input	PIN_T1	2	B2_N0	PIN_G1	3.3-V LVTTL	
Q0	Output	PIN_Y4	3	B3_N1	PIN_P8	3.3-V LVTTL	
Q1	Output	PIN_W6	3	B3_N1	PIN_R7	3.3-V LVTTL	
Q2	Output	PIN_U7	3	B3_N1	PIN_T7	3.3-V LVTTL	

图 12-13　AsynAnalyze 引脚约束

引脚约束完成后，先参考 3.3 节步骤 9 将空闲引脚设置为高阻态输入；然后参考 3.3 节步骤 10 编译工程生成.sof 文件，下载到 FPGA 高级开发系统上，检查 $LED_0 \sim LED_3$ 输出是否与异步时序逻辑电路的分析一致。

步骤 5：新建 AsynDesign 原理图工程

首先，将 "D:\CycloneIVDigitalTest\Material" 文件夹中的 Exp11.2_AsynDesign 文件夹复制到 "D:\CycloneIVDigitalTest\Product" 文件夹中。然后，参考 5.3 节步骤 1，在目录 "D:\CycloneIVDigitalTest\Product\Exp11.2_AsynDesign\project" 中新建工程名和顶层文件名均为 AsynDesign 的工程。

新建工程后，参考 5.3 节步骤 1，将 "D:\CycloneIVDigitalTest\Product\Exp11.2_AsynDesign\code" 中的 Clock.v、JKTrigger.bdf 和 AsynDesign.bdf 文件添加到工程中。

步骤 6：完善 AsynDesign.bdf 文件

打开 AsynDesign.bdf 文件编辑界面，参考图 11-13，完善 AsynDesign.bdf 文件，其中的元件 Clock.dsf 和 JKTrigger.dsf 在本实验的 symbol 文件夹中。

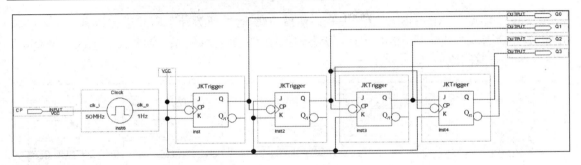

图 12-14 完善 AsynDesign.bdf 文件

步骤 7：添加 AsynDesign_tb.vt 仿真文件

首先参考 11.3 节步骤 3，将 Clock.v 的 CNT_HALF 和 CNT_MAX 修改为 0 与 1；然后参考 3.3 节步骤 8，执行菜单栏命令 File→Open，选择"D:\CycloneIVDigitalTest\Product\Exp11.2_AsynDesign\code"中的 AsynDesign_tb.vt，并勾选添加到工程；最后将程序清单 12-2 中的第 14 至 16 和 28 行代码添加进仿真文件 AsynDesign_tb.vt 相应的位置。

程序清单 12-2

```
1.   `timescale 1 ns/ 1 ps
2.   module AsynDesign_tb();
3.   //constants
4.   //general purpose registers
5.   //reg eachvec;
6.   //test vector input registers
7.   reg CP = 1'b0;
8.   //wires
9.   wire Q0;
10.  wire Q1;
11.  wire Q2;
12.  wire Q3;
13.
14.  wire [3:0] s_q;
15.
16.  assign s_q = {Q3, Q2, Q1, Q0};
17.
18.  //assign statements (if any)
19.  AsynDesign i1 (
20.  //port map - connection between master ports and signals/registers
21.      .CP(CP),
22.      .Q0(Q0),
23.      .Q1(Q1),
24.      .Q2(Q2),
25.      .Q3(Q3)
26.  );
27.
28.  always #10 CP = ~CP;
29.
30.  endmodule
```

完善仿真文件后，先参考 3.3 节步骤 8，执行菜单栏命令 Assignments→Settings，将

AsynDesign_tb.vt 与 ModelSim 进行关联；然后单击 ▶ 按钮编译工程并进行仿真，仿真结果如图 12-15 所示，参考如图 12-4 所示的状态转换图，验证仿真结果，仿真验证无误后将 Clock 的分频参数修改回原值。

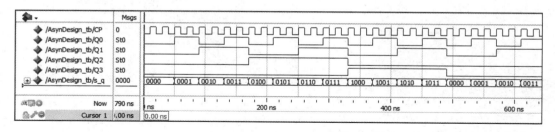

图 12-15　AsynDesign_tb 仿真结果

步骤 8：AsynDesign 引脚约束

执行菜单栏命令 Assignments→Pin Planner 进行引脚约束，各端口对应引脚及 I/O 电平标准如图 12-16 所示。

Node Name	Direction	Location	I/O Bank	VREF Group	Fitter Location	I/O Standard	Reserved
CP	Input	PIN_T1	2	B2_N0	PIN_G1	3.3-V LVTTL	
Q0	Output	PIN_Y4	3	B3_N1	PIN_M1	3.3-V LVTTL	
Q1	Output	PIN_W6	3	B3_N1	PIN_M6	3.3-V LVTTL	
Q2	Output	PIN_U7	3	B3_N1	PIN_A9	3.3-V LVTTL	
Q3	Output	PIN_V4	2	B2_N1	PIN_C10	3.3-V LVTTL	

图 12-16　AsynDesign 引脚约束

引脚约束完成后，先参考 3.3 节步骤 9 将空闲引脚设置为高阻态输入；然后参考 3.3 节步骤 10 编译工程生成 .sof 文件，下载到 FPGA 高级开发系统上，检查 $LED_0 \sim LED_3$ 输出是否与异步时序逻辑电路设计的状态转换图一致。

本 章 任 务

【任务 1】　首先，参考本章实验内容中的异步时序逻辑电路的分析方法，分析如图 12-17 所示的异步时序逻辑电路。然后，在 Quartus Prime 环境下，对该电路进行仿真，再设置引脚约束，在 FPGA 高级开发系统上进行板级验证。

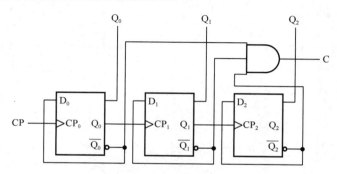

图 12-17　任务 1 的逻辑电路

【任务 2】　首先，参考本章实验内容中的异步时序逻辑电路的设计方法，用下降沿动作的 JK 触发器设计一个异步六进制加法计数器，要求其状态转换图如图 12-18 所示，而且能够自启动，其中 C 为输出。然后，在 Quartus Prime 环境下，对该电路进行仿真，再设置引脚约束，在 FPGA 高级开发系统上进行板级验证。

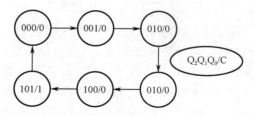

图 12-18　任务 2 状态转换图

本 章 习 题

1. 分析比较同步计数器和异步计数器电路的异同点。
2. 设计 8 位异步计数器，并用该计数器实现 8 位流水灯控制电路。

第 13 章　计数器设计

在数字系统中，计数器是一种应用非常广泛的时序逻辑电路。按照计数器中触发器状态的更新是否同步，可分为同步计数器和异步计数器；按照计数过程中计数器数字量增减分类，可以分为加法计数器、减法计数器和可逆计数器；按照计数器中数字的编码方式分类，可以分为二进制计数器、十进制计数器和 N 进制计数器。MSI74163 是 4 位同步二进制加法计数器，MSI74160 是 8421BCD 码同步十进制加法计数器。本实验先对 MSI74163 模块进行仿真；然后设置引脚约束，在 FPGA 高级开发系统上进行板级验证；最后参考 MSI74163 真值表，使用 Verilog HDL 实现该电路，经过仿真测试后，进行板级验证。按照同样的步骤，先对 MSI74160 模块进行仿真和板级验证；然后使用 Verilog HDL 实现 MSI74160 的功能，并对其进行仿真和板级验证。

13.1　预 备 知 识

（1）同步二进制加法计数器。
（2）同步二进制减法计数器。
（3）同步二进制可逆计数器。
（4）同步十进制加法计数器。
（5）同步十进制减法计数器。
（6）同步十进制可逆计数器。
（7）异步二进制加法计数器。
（8）异步二进制减法计数器。
（9）异步十进制加法计数器。
（10）异步十进制减法计数器。
（11）MSI74163 4 位同步二进制加法计数器。
（12）MSI74160 4 位同步十进制加法计数器。

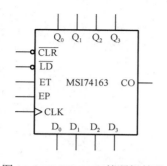

图 13-1　MSI74163 的逻辑符号

13.2　实 验 内 容

13.2.1　MSI74163 4 位同步二进制加法计数器设计

MSI74163 是中规模集成 4 位同步二进制加法计数器，其计数范围为 0～15。它具有同步置数、同步清零、保持和二进制加法计数等逻辑功能。MSI74163 的逻辑符号如图 13-1 所示，功能表如表 13-1 所示，时序图如图 13-2 所示。

表 13-1　MSI74163 的功能表

输　入									输　出				工 作 模 式
$\overline{\text{CLR}}$	$\overline{\text{LD}}$	ET	EP	CLK	D_0	D_1	D_2	D_3	Q_0^{n+1}	Q_1^{n+1}	Q_2^{n+1}	Q_3^{n+1}	
0	×	×	×	↑	×	×	×	×	0	0	0	0	同步清零
1	0	×	×	↑	d_0	d_1	d_2	d_3	d_0	d_1	d_2	d_3	同步置数
1	1	0	×	×	×	×	×	×	Q_0^n	Q_1^n	Q_2^n	Q_3^n	保持（CO = 0）
1	1	1	0	×	×	×	×	×	Q_0^n	Q_1^n	Q_2^n	Q_3^n	保持
1	1	1	1	↑	×	×	×	×	二进制加法计数				计数

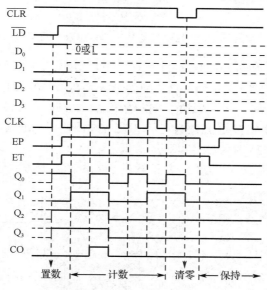

图 13-2　MSI74163 的时序图

在图 13-1 中，CLK 是时钟脉冲输入端，上升沿有效；$\overline{\text{CLR}}$ 是低电平有效的同步清零输入端；$\overline{\text{LD}}$ 是低电平有效的同步置数输入端；EP 和 ET 是两个使能输入端；$D_0 \sim D_3$ 是并行数据输入端；$Q_0 \sim Q_3$ 是计数器状态输出端；CO 是进位信号输出端，当计数到 1111 状态时，CO 为 1。

在表 13-1 的功能表中列出了 MSI74163 的工作模式。

（1）当 $\overline{\text{CLR}} = 0$，CLK 上升沿到来时，计数器的 4 个输出端被同步清零。

（2）当 $\overline{\text{CLR}} = 1$、$\overline{\text{LD}} = 0$，CLK 上升沿到来时，计数器的 4 个输出端被同步置数。

（3）当 $\overline{\text{CLR}} = 1$、$\overline{\text{LD}} = 1$，EP = 0、ET = 1，CLK 上升沿到来时，计数器的 4 个输出端保持不变，CO 输出端也保持不变。

（4）当 $\overline{\text{CLR}} = 1$、$\overline{\text{LD}} = 1$，ET = 0，CLK 上升沿到来时，计数器的 4 个输出端保持不变，CO 输出端被置零。

（5）当 $\overline{\text{CLR}} = 1$、$\overline{\text{LD}} = 1$，EP = 0、ET = 1，CLK 上升沿到来时，电路按二进制加法计数器方式工作。

在 Quartus Prime 环境中，将 MSI74163 4 位同步二进制加法计数器的输入信号命名为 CLR、LD、ET、EP、CLK、D0～D3，将输出信号命名为 Q0～Q3、CO，如图 13-3 所示。编写测试激励文件，对 MSI74163 进行仿真。

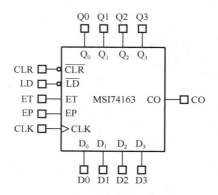

图 13-3　MSI74163 输入/输出信号在 Quartus Prime 环境中的命名

完成仿真后，进行引脚约束，D0～D3、EP、ET、LD、CLR 使用拨动开关 SW$_0$～SW$_7$ 来输入，对应 EP4CE15F23C8N 芯片引脚分别为 W7、Y8、W10、V11、U12、R12、T12、T11，时钟输入 CLK 连接到 Clock 分频模块的 1Hz 输出端，Clock 分频模块的输入与 50MHz 有源晶振的输出相连，对应 EP4CE15F23C8N 芯片引脚为 T1，输出 Q0～Q3、CO 使用 LED$_0$～LED$_4$ 来表示，对应 EP4CE15F23C8N 芯片引脚依次为 Y4、W6、U7、V4、P4，如图 13-4 所示。使用 Quartus Prime 环境生成 .sof 文件，并下载到 FPGA 高级开发系统进行板级验证。

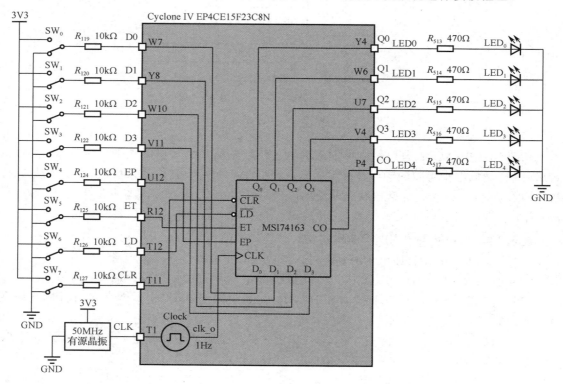

图 13-4　MSI74163 与外部电路连接图

基于原理图的仿真和板级验证完成后，先通过 Verilog HDL 实现 MSI74163，使用

ModelSim 进行仿真，然后生成.sof 文件，并下载到 FPGA 高级开发系统进行板级验证。

13.2.2　MSI74160 4 位同步十进制加法计数器设计

MSI74160 是中规模集成 8421BCD 码同步十进制加法计数器，其计数范围为 0～9。它具有同步置数、同步清零、保持和十进制加法计数等逻辑功能。MSI74160 的逻辑符号如图 13-5 所示。

MSI74160 的 $\overline{CLR}$ 是低电平有效的异步清零输入端，它通过各个触发器的异步复位端将计数器清零，不受时钟信号 CLK 的控制。MSI74160 其他输入、输出端的功能和用法与 MSI74160 的对应端相同。

MSI74160 的功能表如表 13-2 所示，与表 13-1 的 MSI74163 功能表基本相同。不同之处：MSI74160 是异步清零，而 MSI74163 为同步清零；MSI74160 是十进制数，而 MSI74163 为二进制数。MSI74160 的时序图如图 13-6 所示。

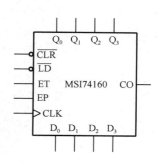

图 13-5　MSI74160 的逻辑符号

表 13-2　MSI74160 的功能表

输　　入									输　　出				工 作 模 式
$\overline{CLR}$	$\overline{LD}$	ET	EP	CLK	D_0	D_1	D_2	D_3	Q_0^{n+1}	Q_1^{n+1}	Q_2^{n+1}	Q_3^{n+1}	
0	×	×	×	×	×	×	×	×	0	0	0	0	异步清零
1	0	×	×	↑	d_0	d_1	d_2	d_3	d_0	d_1	d_2	d_3	同步置数
1	1	0	×	×	×	×	×	×	Q_0^n	Q_1^n	Q_2^n	Q_3^n	保持（CO = 0）
1	1	1	0	×	×	×	×	×	Q_0^n	Q_1^n	Q_2^n	Q_3^n	保持
1	1	1	1	↑	×	×	×	×	十进制加法计数				计数

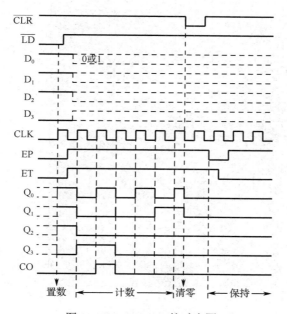

图 13-6　MSI74160 的时序图

在 Quartus Prime 环境中，将 MSI74160 4 位同步十进制加法计数器的输入信号命名为 CLR、LD、ET、EP、CLK、D0～D3，将输出信号命名为 Q0～Q3、CO，如图 13-7 所示。编写测试激励文件，对 MSI74160 进行仿真。

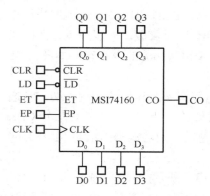

图 13-7　MSI74160 输入/输出信号在 Quartus Prime 环境中的命名

完成仿真后，进行引脚约束，D0～D3、EP、ET、LD、CLR 使用拨动开关 SW_0～SW_7 来输入，对应 EP4CE15F23C8N 芯片引脚分别为 W7、Y8、W10、V11、U12、R12、T12、T11，时钟输入 CLK 连接到 Clock 分频模块的 1Hz 输出端，Clock 分频模块的输入与 50MHz 有源晶振的输出相连，对应 EP4CE15F23C8N 芯片引脚为 T1，输出 Q0～Q3、CO 使用 LED_0～LED_4 来表示，对应 EP4CE15F23C8N 芯片引脚依次为 Y4、W6、U7、V4、P4，如图 13-8 所示。使用 Quartus Prime 环境生成.sof 文件，并下载到 FPGA 高级开发系统进行板级验证。

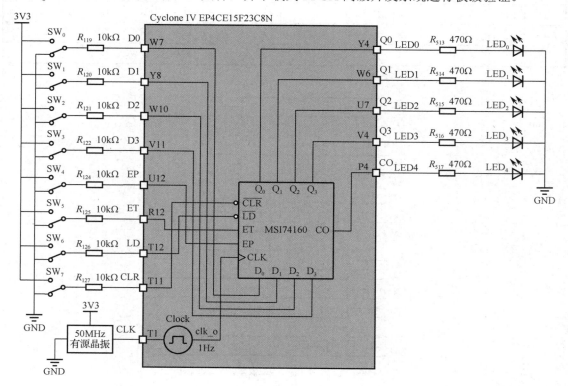

图 13-8　MSI74160 与外部电路连接图

基于原理图的仿真和板级验证完成后，先通过 Verilog HDL 实现 MSI74160，使用 ModelSim 进行仿真；然后生成.sof 文件，并下载到 FPGA 高级开发系统进行板级验证。

13.3　实　验　步　骤

步骤 1：新建 MSI74163 原理图工程

首先，将"D:\CycloneIVDigitalTest\Material"文件夹中的 Exp12.1_MSI74163 文件夹复制到"D:\CycloneIVDigitalTest\Product"文件夹中。然后，参考 5.3 节步骤 1，在目录"D:\CycloneIVDigitalTest\Product\Exp12.1_MSI74163\project"中新建工程名为 MSI74163、顶层文件名为 MSI74163_top 的工程。

新建工程后，参考 5.3 节步骤 1，将"D:\CycloneIVDigitalTest\Product\Exp12.1_MSI74163\code"中的 Clock.v、DTrigger.bdf、MNOR5.bdf、MSI74163.bdf 和 MSI74163_top.bdf 文件添加到工程中。

步骤 2：完善 MSI74163_top.bdf 文件

打开 MSI74163_top.bdf 文件编辑界面，参考图 13-9，完善 MSI74163_top.bdf 文件，其中的元件 Clock.dsf 和 MSI74163.dsf 在本实验的 symbol 文件夹中。

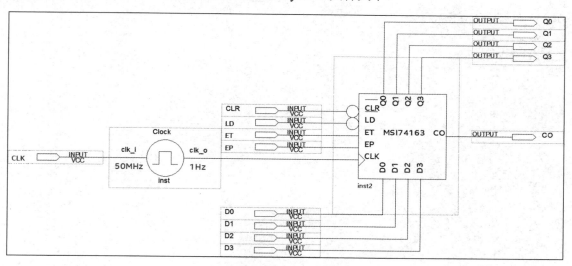

图 13-9　完善 MSI74163_top.bdf 文件

步骤 3：添加 MSI74163_top_tb.vt 仿真文件

首先参考 11.3 节步骤 3，将 Clock.v 的 CNT_HALF 和 CNT_MAX 修改为 0 与 1；然后参考 3.3 节步骤 8，执行菜单栏命令 File→Open，选择"D:\CycloneIVDigitalTest\Product\Exp12.1_MSI74163\code"中的 MSI74163_top_tb.vt，并勾选添加到工程；最后将程序清单 13-1 中的第 23 至 25、第 46 至 51、第 57 至 84 行代码添加进仿真文件 MSI74163_top_tb.vt 相应的位置。

程序清单 13-1

```
1.   `timescale 1 ns/ 1 ps
2.   module MSI74163_top_tb();
3.   //constants
4.   //general purpose registers
5.   //reg eachvec;
```

```
6.   //test vector input registers
7.   reg CLK;
8.   reg CLR;
9.   reg D0;
10.  reg D1;
11.  reg D2;
12.  reg D3;
13.  reg EP;
14.  reg ET;
15.  reg LD;
16.  //wires
17.  wire CO;
18.  wire Q0;
19.  wire Q1;
20.  wire Q2;
21.  wire Q3;
22.
23.  reg  [3:0] s_d   = 4'd0;
24.  reg        s_clk = 1'b0;
25.  wire [3:0] s_q;
26.
27.  //assign statements (if any)
28.  MSI74163_top i1 (
29.  //port map - connection between master ports and signals/registers
30.      .CLK(CLK),
31.      .CLR(CLR),
32.      .CO(CO),
33.      .D0(D0),
34.      .D1(D1),
35.      .D2(D2),
36.      .D3(D3),
37.      .EP(EP),
38.      .ET(ET),
39.      .LD(LD),
40.      .Q0(Q0),
41.      .Q1(Q1),
42.      .Q2(Q2),
43.      .Q3(Q3)
44.  );
45.
46.  assign {D3, D2, D1, D0} = s_d;
47.  assign s_q = {Q3, Q2, Q1, Q0};
48.  assign CLK = s_clk;
49.
50.  //clock
51.  always #10 s_clk <= ~s_clk;
52.
53.  //计数仿真
54.  always
55.  begin
56.
57.    //计数
```

```
58.     s_d <= 4'b0;
59.     CLR <= 1'b1;
60.     LD  <= 1'b1;
61.     EP  <= 1'b1;
62.     ET  <= 1'b1;
63.     #800;
64.
65.     //清零
66.     CLR <= 1'b0;
67.     s_d <= 4'b0110;
68.     #100;
69.
70.     //置数
71.     CLR <= 1'b1;
72.     LD  <= 1'b0;
73.     #100;
74.
75.     //置数
76.     s_d <= 4'b1010;
77.     #100;
78.
79.     //保持
80.     CLR <= 1'b1;
81.     LD  <= 1'b1;
82.     EP  <= 1'b0;
83.     ET  <= 1'b1;
84.     #100;
85.
86. end
87.
88. endmodule
```

完善仿真文件后，首先参考 3.3 节步骤 8，执行菜单栏命令 Assignments→Settings，将 MSI74163_top_tb.vt 与 ModelSim 进行关联；然后单击 ▶ 按钮编译工程并进行仿真，仿真结果如图 13-10 所示，参考表 13-1 的 MSI74163 功能表，验证不同工作模式下的仿真结果。注意，仿真验证无误后要将 Clock 的分频参数修改回原值。

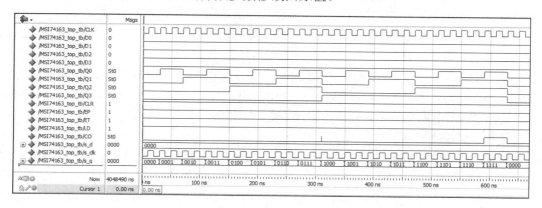

图 13-10　MSI74163_top_tb 仿真结果

步骤 4：MSI74163_top 引脚约束

执行菜单栏命令 Assignments→Pin Planner 进行引脚约束，各端口对应引脚及 I/O 电平标准如图 13-11 所示。

Node Name	Direction	Location	I/O Bank	VREF Group	Fitter Location	I/O Standard	Reserved
CLK	Input	❶ PIN_T1	2	B2_N0	❷ PIN_G1	3.3-V LVTTL	
CLR	Input	PIN_T11	3	B3_N0	PIN_D2	3.3-V LVTTL	
CO	Output	PIN_P4	2	B2_N0	PIN_C6	3.3-V LVTTL	
D0	Input	PIN_W7	3	B3_N1	PIN_B5	3.3-V LVTTL	
D1	Input	PIN_Y8	3	B3_N0	PIN_H7	3.3-V LVTTL	
D2	Input	PIN_W10	3	B3_N0	PIN_H9	3.3-V LVTTL	
D3	Input	PIN_V11	3	B3_N0	PIN_F9	3.3-V LVTTL	
EP	Input	PIN_U12	4	B4_N1	PIN_A5	3.3-V LVTTL	
ET	Input	PIN_R12	3	B3_N1	PIN_F8	3.3-V LVTTL	
LD	Input	PIN_T12	4	B4_N1	PIN_C7	3.3-V LVTTL	
Q0	Output	PIN_Y4	3	B3_N1	PIN_F10	3.3-V LVTTL	
Q1	Output	PIN_W6	3	B3_N1	PIN_A4	3.3-V LVTTL	
Q2	Output	PIN_U7	3	B3_N1	PIN_G8	3.3-V LVTTL	
Q3	Output	PIN_V4	2	B2_N1	PIN_B4	3.3-V LVTTL	

图 13-11　MSI74163_top 引脚约束

引脚约束完成后，先参考 3.3 节步骤 9 将空闲引脚设置为高阻态输入；然后参考 3.3 节步骤 10 编译工程生成 .sof 文件，下载到 FPGA 高级开发系统上，拨动 $SW_0 \sim SW_7$，检查 $LED_0 \sim LED_4$ 输出是否与 MSI74163 功能表一致。

步骤 5：新建 MSI74163 HDL 工程

首先，将"D:\CycloneIVDigitalTest\Material"文件夹中的 Exp12.2_MSI74163 文件夹复制到"D:\CycloneIVDigitalTest\Product"文件夹中。然后，参考 5.3 节步骤 1，在目录"D:\CycloneIVDigitalTest\Product\Exp12.2_MSI74163\project"中新建工程名为 MSI74163、顶层文件名为 MSI74163_top 的工程。

新建工程后，参考 5.3 节步骤 1，将"D:\CycloneIVDigitalTest\Product\Exp12.2_MSI74163\code"中的 Clock.v、MSI74163.v 和 MSI74163_top.v 文件添加到工程中。

步骤 6：完善 MSI74163_top.v 文件

MSI74163_top.v 是该工程的顶层模块，Clock.v 和 MSI74163.v 这两个模块都是在这个模块中使用的。其中，Clock.v 模块实现分频的功能；MSI74163.v 模块实现 MSI74163 计数器的功能；MSI74163_top.v 用于将两个模块搭配使用，并与输入/输出端口建立连接。

打开 MSI74163_top.v 文件编辑界面。参考程序清单 13-2，完善 MSI74163_top.v 文件。下面对关键语句进行解释。

第 35 至 60 行代码：对要使用的模块进行例化，以 Clock.v 模块为例，即第 35 至 39 行代码，其中，Clock 是模块名，u_clk_gen_1hz 是例化名，在例化的同时，将例化后元件的输入/输出端口与 MSI74163_top.v 的信号相连，实现对该模块的使用。注意，每有一个部分使用到了该模块，就需要进行一次元件例化。

如果将 MSI74163_top.v 比喻为一个原理图文件，则模块 Clock.v 就相当于 symbols 中的一个抽象元件名，例如，前面使用到的分频元件 Clock，例化的 u_clk_gen_1hz 就相当于摆放在原理图上某个具体元件的编号 inst，如果原理图上需要使用多个 Clock.v，就需要例化多次，可以依次命名为 u1_clk_gen_1hz，u2_clk_gen_1hz，u3_clk_gen_1hz，…。

程序清单 13-2

```
1.   `timescale 1ns / 1ps
2.
3.   //------------------------------------------------------------------
4.   //                            模块定义
5.   //------------------------------------------------------------------
6.   module MSI74163_top(
7.     input  wire CLR, //同步清零，低电平有效
8.     input  wire CLK, //时钟信号，上升沿有效
9.     input  wire LD , //同步置数，低电平有效
10.    input  wire EP , //使能位，高电平有效
11.    input  wire ET , //使能位，高电平有效
12.
13.    input  wire D0 , //置位输入
14.    input  wire D1 , //置位输入
15.    input  wire D2 , //置位输入
16.    input  wire D3 , //置位输入
17.
18.    output wire Q0 , //计数输出
19.    output wire Q1 , //计数输出
20.    output wire Q2 , //计数输出
21.    output wire Q3 , //计数输出
22.
23.    output wire CO   //进位输出
24.  );
25.
26.  //------------------------------------------------------------------
27.  //                            信号定义
28.  //------------------------------------------------------------------
29.    //1Hz 时钟信号
30.    wire s_clk_1hz;
31.
32.  //------------------------------------------------------------------
33.  //                            模块例化
34.  //------------------------------------------------------------------
35.    //时钟源
36.    Clock u_clk_gen_1hz(
37.      .clk_i (CLK      ), //时钟输入，50MHz
38.      .clk_o (s_clk_1hz) //时钟输出，1Hz
39.    );
40.
41.    //加法器
42.    MSI74163 u_addr(
43.      .CLR (CLR      ), //同步清零，低电平有效
44.      .CLK (s_clk_1hz), //时钟信号，上升沿有效
45.      .LD  (LD       ), //同步置数，低电平有效
46.      .EP  (EP       ), //使能位，高电平有效
47.      .ET  (ET       ), //使能位，高电平有效
48.
49.      .D0  (D0       ), //置位输入
50.      .D1  (D1       ), //置位输入
```

```
51.      .D2  (D2        ),  //置位输入
52.      .D3  (D3        ),  //置位输入
53.
54.      .Q0  (Q0        ),  //计数输出
55.      .Q1  (Q1        ),  //计数输出
56.      .Q2  (Q2        ),  //计数输出
57.      .Q3  (Q3        ),  //计数输出
58.
59.      .CO  (CO        )   //进位输出
60.    );
61.
62.  endmodule
```

步骤 7：完善 MSI74163.v 文件

然后，打开 MSI74163.v 文件编辑界面，参考程序清单 13-3，完善 MSI74163.v 文件。

程序清单 13-3

```
1.   `timescale 1ns / 1ps
2.
3.   //------------------------------------------------------------------
4.   //                        模块定义
5.   //------------------------------------------------------------------
6.   module MSI74163(
7.     input  wire CLR, //同步清零，低电平有效
8.     input  wire CLK, //时钟信号，上升沿有效
9.     input  wire LD , //同步置数，低电平有效
10.    input  wire EP , //使能位，高电平有效
11.    input  wire ET , //使能位，高电平有效
12.
13.    input  wire D0 , //置位输入
14.    input  wire D1 , //置位输入
15.    input  wire D2 , //置位输入
16.    input  wire D3 , //置位输入
17.
18.    output wire Q0 , //计数输出
19.    output wire Q1 , //计数输出
20.    output wire Q2 , //计数输出
21.    output wire Q3 , //计数输出
22.
23.    output wire CO   //进位输出
24.  );
25.
26.  //------------------------------------------------------------------
27.  //                        信号定义
28.  //------------------------------------------------------------------
29.  //输入信号
30.    wire       s_clr_n  ; //同步清零，低电平有效
31.    wire       s_clk    ; //时钟信号，上升沿有效
32.    wire       s_load_n ; //置位计数器，低电平有效
33.    wire       s_ep     ; //使能位，高电平有效
34.    wire       s_et     ; //使能位，高电平有效
35.    wire [3:0] s_d      ; //置位输入
```

```
36.
37.    //输出信号
38.    reg  [3:0] s_q = 4'd0;
39.    wire       s_carry;
40.
41. //--------------------------------------------------------------------
42. //                              电路实现
43. //--------------------------------------------------------------------
44.    //将输入信号并在一起
45.    assign s_clr_n = CLR;
46.    assign s_clk = CLK;
47.    assign s_load_n = LD;
48.    assign s_ep = EP;
49.    assign s_et = ET;
50.    assign s_d = {D3, D2, D1, D0};
51.
52.    //输出
53.    assign {Q3, Q2, Q1, Q0} = s_q;
54.    assign CO = s_carry;
55.
56.    //计数
57.    always @(posedge s_clk) begin
58.      if(s_clr_n == 1'b0) begin
59.        s_q <= 4'd0;
60.      end
61.      else if(s_load_n == 1'b0) begin
62.        s_q <= s_d;
63.      end
64.      else if(s_ep && s_et) begin
65.        s_q <= s_q + 4'd1;
66.      end
67.      else begin
68.        s_q <= s_q;
69.      end
70.    end
71.
72.    //进位
73.    assign s_carry = s_q[3] & s_q[2] & s_q[1] & s_q[0] & s_et;
74.
75.  endmodule
```

　　完善 MSI74163.v 文件之后，先单击 ▶ 按钮编译工程，编译无误后，参考 4.3 节步骤 4 使用综合工具查看生成的电路图；然后参考本章 13.3 节步骤 3 和步骤 4 添加并关联仿真文件进行仿真测试，约束引脚并将空余引脚设置为高阻态输入；最后参考 3.3 节步骤 10 编译工程生成.sof 文件，将其下载到 FPGA 高级开发系统，拨动 $SW_0 \sim SW_7$，检查 $LED_0 \sim LED_4$ 输出是否与 MSI74163 功能表一致。

步骤 8：新建 MSI74160 原理图工程

　　首先，将"D:\CycloneIVDigitalTest\Material"文件夹中的 Exp12.3_MSI74160 文件夹复制到"D:\CycloneIVDigitalTest\Product"文件夹中。然后，参考 5.3 节步骤 1，在目录 "D:\CycloneIVDigitalTest\Product\Exp12.3_MSI74160\project"中新建工程名为 MSI74160、顶层文

件名为 MSI74160_top 的工程。

新建工程后，参考 5.3 节步骤 1，将 "D:\CycloneIVDigitalTest\Product\Exp12.3_MSI74160\code" 中的 Clock.v、DTrigger.bdf、MNOR5.bdf、MSI74160.bdf 和 MSI74160_top.bdf 文件添加到工程中。

步骤 9：完善 MSI74160_top.bdf 文件

打开 MSI74160_top.bdf 文件编辑界面，参考图 13-12，完善 MSI74160_top.bdf 文件，其中的元件 Clock.dsf 和 MSI74160.dsf 在本实验的 symbol 文件夹中。

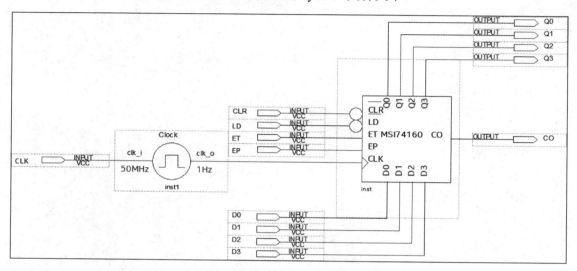

图 13-12　完善 MSI74160_top.bdf 文件

完善 MSI74160_top.bdf 文件之后，参考 3.3 节步骤 7 编译工程，编译无误后参考本章 13.3 节步骤 3 和步骤 4 添加并关联仿真文件进行仿真测试，仿真结果如图 13-13 所示，右键单击 s_q，选择 Radix→Unsigned 可以改变该信号的数据显示格式，这里选择无符号十进制显示，可以看到 s_q 只从 0 计数到 9，为十进制加法计数，与 MSI74160 的计数模式功能一致，参考表 13-2 的 MSI74160 功能表，验证不同工作模式下的仿真结果。仿真验证无误后将 Clock 的分频参数修改回原值。

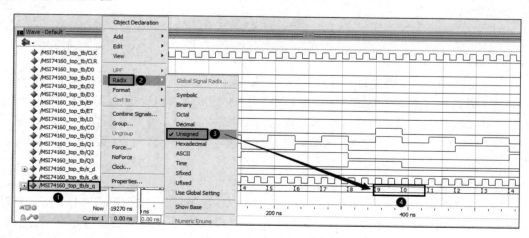

图 13-13　MSI74160_top_tb 仿真结果

　　完成仿真后，先进行约束引脚并将空余引脚设置为高阻态输入，然后参考 3.3 节步骤 10 编译工程生成.sof 文件，将其下载到 FPGA 高级开发系统，拨动 $SW_0 \sim SW_7$，检查 $LED_0 \sim LED_4$ 输出是否与 MSI74160 功能表一致。

步骤 10：新建 MSI74160 HDL 工程

　　首先，将"D:\CycloneIVDigitalTest\Material"文件夹中的 Exp12.4_MSI74160 文件夹复制到"D:\CycloneIVDigitalTest\Product"文件夹中。然后，参考 5.3 节步骤 1，在目录"D:\CycloneIVDigitalTest\Product\Exp12.4_MSI74160\project"中新建工程名为 MSI74160、顶层文件名为 MSI74160_top 的工程。

　　新建工程后，参考 5.3 节步骤 1，将"D:\CycloneIVDigitalTest\Product\Exp12.4_MSI74160\code"中的 Clock.v、MSI74160.v 和 MSI74160_top.v 文件添加到工程中。

步骤 11：完善 MSI74160.v 文件

　　打开 MSI74160.v 文件编辑界面，参考程序清单 13-4，完善 MSI74160.v 文件。

程序清单 13-4

```
1.   `timescale 1ns / 1ps
2.
3.   //--------------------------------------------------------------------
4.   //                          模块定义
5.   //--------------------------------------------------------------------
6.   module MSI74160(
7.     input  wire CLR, //异步清零，低电平有效
8.     input  wire CLK, //时钟信号，上升沿有效
9.     input  wire LD , //同步置数，低电平有效
10.    input  wire EP , //使能位，高电平有效
11.    input  wire ET , //使能位，高电平有效
12.
13.    input  wire D0 , //置位输入
14.    input  wire D1 , //置位输入
15.    input  wire D2 , //置位输入
16.    input  wire D3 , //置位输入
17.
18.    output wire Q0 , //计数输出
19.    output wire Q1 , //计数输出
20.    output wire Q2 , //计数输出
21.    output wire Q3 , //计数输出
22.
23.    output wire CO  //进位输出
24.  );
25.
26.  //--------------------------------------------------------------------
27.  //                          信号定义
28.  //--------------------------------------------------------------------
29.  //输入信号
30.    wire      s_clr_n  ; //异步清零，低电平有效
31.    wire      s_clk    ; //时钟信号，上升沿有效
32.    wire      s_load_n ; //置位计数器，低电平有效
33.    wire      s_ep     ; //使能位，高电平有效
34.    wire      s_et     ; //使能位，高电平有效
```

```
35.    wire [3:0] s_d        ; //置位输入
36.
37.    //输出信号
38.    reg  [3:0] s_q = 4'd0;
39.    wire       s_carry;
40.
41. //--------------------------------------------------------------
42. //                              电路实现
43. //--------------------------------------------------------------
44.    //将输入信号并在一起
45.    assign s_clr_n = CLR;
46.    assign s_clk = CLK;
47.    assign s_load_n = LD;
48.    assign s_ep = EP;
49.    assign s_et = ET;
50.    assign s_d = {D3, D2, D1, D0};
51.
52.    //输出
53.    assign {Q3, Q2, Q1, Q0} = s_q;
54.    assign CO = s_carry;
55.
56.    //计数
57.    always @(posedge s_clk or negedge s_clr_n) begin
58.      if(s_clr_n == 1'b0) begin
59.        s_q <= 4'd0;
60.      end
61.      else if(s_load_n == 1'b0) begin
62.        s_q <= s_d;
63.      end
64.      else if(s_ep && s_et) begin
65.        if(s_q[3] && s_q[0]) begin
66.          s_q <= 4'd0;
67.        end
68.        else begin
69.          s_q <= s_q + 4'd1;
70.        end
71.      end
72.      else begin
73.        s_q <= s_q;
74.      end
75.    end
76.
77.    //进位
78.    assign s_carry = s_q[3] & (~s_q[2]) & (~s_q[1]) & s_q[0] & s_et;
79.
80. endmodule
```

完善 MSI74160.v 文件之后，先单击 ▶ 按钮编译工程，编译无误后参考 4.3 节步骤 4 使用综合工具查看生成的电路图；然后参考本章 13.3 节步骤 3 和步骤 4 添加并关联仿真文件进行仿真测试，约束引脚并将空余引脚设置为高阻态输入；最后参考 3.3 节步骤 10 编译工程生成 .sof 文件，将其下载到 FPGA 高级开发系统，拨动 $SW_0 \sim SW_7$，检查 $LED_0 \sim LED_4$ 输出是否与 MSI74160 功能表一致。

本 章 任 务

【任务 1】　在 Quartus Prime 环境下使用原理图输入方式，用 MSI74163 和必要的门电路构造一个十五进制加法计数器。编写测试激励文件，对该电路进行仿真；设置引脚约束，除时钟输入 CLK 连接到 50MHz 有源晶振（对应 EP4CE15F23C8N 芯片引脚为 T1）外，其他输入使用拨动开关，输出使用 LED。在 Quartus Prime 环境中生成.sof 文件，并将其下载到 FPGA 高级开发系统进行板级验证。使用 Verilog HDL 实现十五进制加法计数器，按照同样的流程进行仿真和板级验证。

【任务 2】　在 Quartus Prime 环境下使用原理图输入方式，用 MSI74160 和必要的门电路构造一个八进制加法计数器。编写测试激励文件，对该电路进行仿真；设置引脚约束，除时钟输入 CLK 连接到 50MHz 有源晶振（对应 EP4CE15F23C8N 芯片引脚为 T1）外，其他输入使用拨动开关，输出使用 LED。在 Quartus Prime 环境中生成.sof 文件，并将其下载到 FPGA 高级开发系统进行板级验证。使用 Verilog HDL 实现八进制加法计数器，按照同样的流程进行仿真和板级验证。

本 章 习 题

1. 尝试用 Verilog HDL 设计篮球比赛 24s 定时电路，时钟输入为 50MHz 有源晶振（对应 EP4CE15F23C8N 芯片引脚为 T1）。

2. 计数器和分频器电路有何区别与联系？

第14章　移位寄存器设计

移位寄存器也是一种寄存器，它不仅具有基本寄存器对数据进行寄存的功能，还具有对数据进行移位的功能。基本寄存器只能寄存数据，其特点是：数据并行输入、并行输出。移位寄存器除了具有寄存数据的功能，还可以在时钟脉冲的控制下实现数据的移位。根据移位方向，移位寄存器可以分为左移寄存器、右移寄存器、双向移位寄存器三种。根据移位寄存器输入、输出方式的不同，移位寄存器可以分为串行输入/串行输出、串行输入/并行输出、并行输入/串行输出和并行输入/并行输出 4 种电路结构。本实验先对 MSI74194 模块进行仿真，再设置引脚约束，在 FPGA 高级开发系统上进行板级验证；然后参考 MSI74194 真值表，使用 Verilog HDL 实现该电路，经过仿真测试后，进行板级验证。

14.1　预 备 知 识

（1）单向移位寄存器。
（2）双向移位寄存器。
（3）MSI74164 8 位单向移位寄存器。
（4）MSI74194 4 位双向移位寄存器。

14.2　实 验 内 容

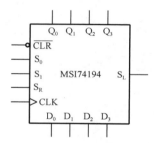

图 14-1　MSI7419 4 位双向移位寄存器的逻辑符号

MSI74194 是 4 位双向移位寄存器，其数据既可串行输入也可并行输入，既可串行输出也可并行输出，并具有保持和异步清零功能。MSI7419 4 位双向移位寄存器的逻辑符号如图 14-1 所示。$\overline{CLR}$ 是异步清零端；S_R 是右移串行数据输入端；S_L 是左移串行数据输入端；$D_0 \sim D_3$ 是并行数据输入端；$Q_0 \sim Q_3$ 是数据并行输出端；CLK 是移位脉冲输入端；S_0 和 S_1 是工作模式选择端。MSI74194 4 位双向移位寄存器的功能表如表 14-1 所示。

表 14-1　MSI74194 4 位双向移位寄存器的功能表

输　　入								输　　出				工 作 模 式
$\overline{CLR}$	S_1	S_0	CLK	D_0	D_1	D_2	D_3	Q_0^{n+1}	Q_1^{n+1}	Q_2^{n+1}	Q_3^{n+1}	
0	×	×	×	×	×	×	×	0	0	0	0	异步清零
1	0	0	↑	×	×	×	×	Q_0^n	Q_1^n	Q_2^n	Q_3^n	保持
1	0	1	↑	×	×	×	×	S_R	Q_0^n	Q_1^n	Q_2^n	右移
1	1	0	↑	×	×	×	×	Q_1^n	Q_2^n	Q_3^n	S_L	左移
1	1	1	↑	d_0	d_1	d_2	d_3	d_0	d_1	d_2	d_3	并行输入

在 Quartus Prime 环境中，将 MSI74194 4 位双向移位寄存器的输入信号命名为 CLR、S0、S1、SL、SR、CLK、D0～D3，将输出信号命名为 Q0～Q3，如图 14-2 所示。编写测试激励文件，对 MSI74194 进行仿真。

完成仿真后，进行引脚约束，其中 D0～D3、SR、SL、S0、S1、CLR 使用拨动开关 $SW_0 \sim SW_8$ 来输入，对应 EP4CE15F23C8N 芯片引脚分别为 W7、Y8、W10、V11、U12、R12、T12、T11、U11，时钟输入 CLK 连接到 Clock 分频模块的 1Hz 输出端，Clock 分频模块的输入与 50MHz 有源晶振的输出相连，对应 EP4CE15F23C8N 芯片引脚为 T1，输出 $Q_0 \sim Q_3$ 使用 $LED_0 \sim LED_3$ 来表示，对应 EP4CE15F23C8N 芯片引脚依次为 Y4、W6、U7、V4，如

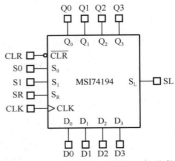

图 14-2 MSI74194 4 位双向移位寄存器输入/输出信号在 Quartus Prime 环境中的命名

图 14-3 所示。使用 Quartus Prime 环境生成.sof 文件，并下载到 FPGA 高级开发系统进行板级验证。

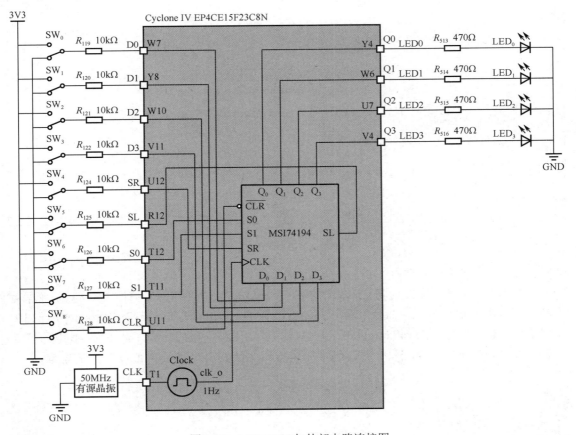

图 14-3 MSI74194 与外部电路连接图

基于原理图的仿真和板级验证完成后，先通过 Verilog HDL 实现 MSI7494，使用 ModelSim 进行仿真；然后生成.sof 文件，并下载到 FPGA 高级开发系统进行板级验证。

14.3　实　验　步　骤

步骤 1：新建原理图工程

首先，将"D:\CycloneIVDigitalTest\Material"文件夹中的 Exp13.1_MSI74194 文件夹复制到"D:\CycloneIVDigitalTest\Product"文件夹中。然后，参考 5.3 节步骤 1，在目录"D:\CycloneIVDigitalTest\Product\Exp13.1_MSI74194\project"中新建工程名为 MSI74194、顶层文件名为 MSI74194_top 的工程。

新建工程后，参考 5.3 节步骤 1，将"D:\CycloneIVDigitalTest\Product\Exp13.1_MSI74194\code"中的 Clock.v、RSTrigger.bdf、MSI74194.bdf 和 MSI74194_top.bdf 文件添加到工程中。

步骤 2：完善 MSI74194_top.bdf 文件

打开 MSI74194_top.bdf 文件编辑界面，参考图 14-4，完善 MSI74194_top.bdf 文件，其中的元件 Clock.dsf 和 MSI74194.dsf 在本实验的 symbol 文件夹中。

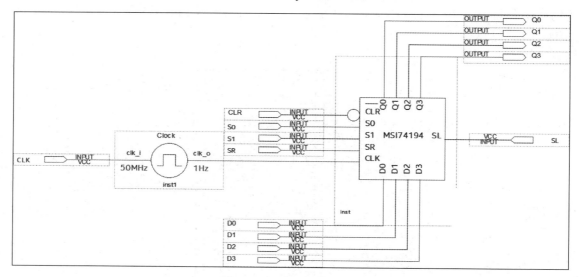

图 14-4　MSI74194_top.bdf

步骤 3：添加仿真文件

首先参考 11.3 节步骤 3，将 Clock.v 的 CNT_HALF 和 CNT_MAX 修改为 0 与 1；然后参考 3.3 节步骤 8，执行菜单栏命令 File→Open，选择"D:\CycloneIVDigitalTest\Product\Exp13.1_MSI7485\code"中的 MSI7485_top_tb，并勾选添加到工程；最后将程序清单 14-1 中的第 23 至 27、第 48 至 56、第 60 至 98 行代码添加进仿真文件 MSI7485_top_tb.vt 相应的位置。

程序清单 14-1

```
1.    `timescale 1 ns/ 1 ps
2.    module MSI74194_top_tb();
3.    //constants
4.    //general purpose registers
5.    //reg eachvec;
6.    //test vector input registers
7.    reg CLK;
8.    reg CLR;
```

```
9.   reg D0;
10.  reg D1;
11.  reg D2;
12.  reg D3;
13.  reg S0;
14.  reg S1;
15.  reg SL;
16.  reg SR;
17.  //wires
18.  wire Q0;
19.  wire Q1;
20.  wire Q2;
21.  wire Q3;
22.
23.  reg  [3:0] s_d = 4'd0;
24.  reg  [1:0] s_s = 2'd0;
25.  wire [3:0] s_q;
26.  reg        s_si  = 1'b0;
27.  reg        s_clk = 1'b0;
28.
29.  //assign statements (if any)
30.  MSI74194_top i1 (
31.  //port map - connection between master ports and signals/registers
32.       .CLK(CLK),
33.       .CLR(CLR),
34.       .D0(D0),
35.       .D1(D1),
36.       .D2(D2),
37.       .D3(D3),
38.       .Q0(Q0),
39.       .Q1(Q1),
40.       .Q2(Q2),
41.       .Q3(Q3),
42.       .S0(S0),
43.       .S1(S1),
44.       .SL(SL),
45.       .SR(SR)
46.  );
47.
48.  assign {D0, D1, D2, D3} = s_d;
49.  assign {S1, S0} = s_s;
50.  assign SL = s_si;
51.  assign SR = s_si;
52.  assign s_q = {Q0, Q1, Q2, Q3};
53.  assign CLK = s_clk;
54.
55.  //clock
56.  always #10 s_clk <= ~s_clk;
57.
58.  always
```

```
59.  begin
60.     //并行输入
61.     CLR <= 1'b1;
62.     s_s <= 2'b11;
63.     s_d <= 4'b1010;
64.     #100;
65.
66.     //保持
67.     CLR <= 1'b1;
68.     s_s <= 2'b00;
69.     #100;
70.
71.     s_d <= 4'b1111;
72.     #100;
73.
74.     //清零
75.     CLR <= 1'b0;
76.     #100;
77.
78.     //并行输入
79.     CLR <= 1'b1;
80.     s_s <= 2'b11;
81.     s_d <= 4'b1011;
82.     #100;
83.
84.     //右移
85.     CLR <= 1'b1;
86.     s_s <= 2'b01;
87.     #200;
88.
89.     //并行输入
90.     CLR <= 1'b1;
91.     s_s <= 2'b11;
92.     s_d <= 4'b1101;
93.     #100;
94.
95.     //左移
96.     CLR <= 1'b1;
97.     s_s <= 2'b10;
98.     #200;
99.
100. end
101.
102. endmodule
```

　　完善仿真文件后，先参考 3.3 节步骤 8，执行菜单栏命令 Assignments→Settings，将 MSI74194_top_tb.vt 与 ModelSim 进行关联；然后单击 ▶ 按钮编译工程并进行仿真，仿真结果如图 14-5 所示，参考表 14-1 的 MSI74194 功能表，验证不同工作模式下的仿真结果。注意，仿真验证无误后要将 Clock 的分频参数修改回原值。

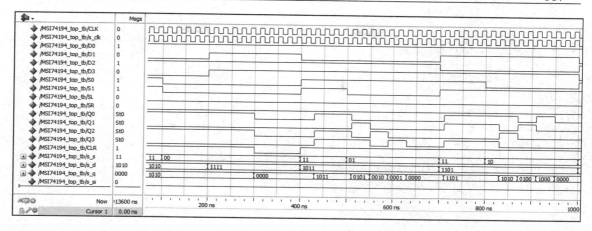

图 14-5 仿真结果

步骤 4：引脚约束

执行菜单栏命令 Assignments→Pin Planner 进行引脚约束，各端口对应引脚及 I/O 电平标准如图 14-6 所示。

Node Name	Direction	Location	I/O Bank	VREF Group	Fitter Location	I/O Standard	Reserved
CLK	Input ❶	PIN_T1	2	B2_N0	PIN_G1 ❷	3.3-V LVTTL	
CLR	Input	PIN_U11	3	B3_N0	PIN_T2	3.3-V LVTTL	
D0	Input	PIN_W7	3	B3_N1	PIN_AA8	3.3-V LVTTL	
D1	Input	PIN_Y8	3	B3_N0	PIN_W10	3.3-V LVTTL	
D2	Input	PIN_W10	3	B3_N0	PIN_AA10	3.3-V LVTTL	
D3	Input	PIN_V11	3	B3_N0	PIN_V11	3.3-V LVTTL	
Q0	Output	PIN_Y4	3	B3_N1	PIN_T11	3.3-V LVTTL	
Q1	Output	PIN_W6	3	B3_N1	PIN_AA9	3.3-V LVTTL	
Q2	Output	PIN_U7	3	B3_N1	PIN_V9	3.3-V LVTTL	
Q3	Output	PIN_V4	2	B2_N1	PIN_Y10	3.3-V LVTTL	
S0	Input	PIN_T12	4	B4_N1	PIN_AB9	3.3-V LVTTL	
S1	Input	PIN_T11	3	B3_N0	PIN_V10	3.3-V LVTTL	
SL	Input	PIN_R12	3	B3_N1	PIN_T10	3.3-V LVTTL	
SR	Input	PIN_U12	4	B4_N1	PIN_AB8	3.3-V LVTTL	

图 14-6 引脚约束

引脚约束完成后，先参考 3.3 节步骤 9 将空闲引脚设置为高阻态输入；然后参考 3.3 节步骤 10 编译工程生成.sof 文件，下载到 FPGA 高级开发系统上，拨动 $SW_0 \sim SW_8$，检查 $LED_0 \sim LED_3$ 输出是否与 MSI74194 真值表一致。

步骤 5：新建 HDL 工程

首先，将"D:\CycloneIVDigitalTest\Material"文件夹中的 Exp13.2_MSI74194 文件夹复制到"D:\CycloneIVDigitalTest\Product"文件夹中。然后，参考 5.3 节步骤 1，在目录"D:\CycloneIVDigitalTest\Product\Exp13.2_MSI74194\project"中新建工程名为 MSI74194、顶层文件名为 MSI74194_top 的工程。

新建工程后，参考 5.3 节步骤 1，将"D:\CycloneIVDigitalTest\Product\Exp13.2_MSI74194\code"中的 Clock.v、MSI74194.v 和 MSI74194_top.v 文件添加到工程中。

步骤 6：完善 MSI74194.v 文件

打开 MSI74194.v 文件编辑界面，参考程序清单 14-2，完善 MSI74194.v 文件。其中，第 53 至 67 行使用了 if 和 case 语句来共同实现 MSI74194 的功能。

程序清单 14-2

```
1.   `timescale 1ns / 1ps
2.
3.   //--------------------------------------------------------------------
4.   //                              模块定义
5.   //--------------------------------------------------------------------
6.   module MSI74194(
7.     input  wire CLR, //异步清零, 低电平有效
8.     input  wire CLK, //时钟信号, 上升沿有效
9.     input  wire SR , //右移串行数据输入端
10.    input  wire SL , //左移串行数据输入端
11.    input  wire S0 , //工作模式控制端
12.    input  wire S1 , //工作模式控制端
13.
14.    input  wire D0 , //置位输入
15.    input  wire D1 , //置位输入
16.    input  wire D2 , //置位输入
17.    input  wire D3 , //置位输入
18.
19.    output wire Q0 , //移位输出
20.    output wire Q1 , //移位输出
21.    output wire Q2 , //移位输出
22.    output wire Q3   //移位输出
23.  );
24.
25.  //--------------------------------------------------------------------
26.  //                              信号定义
27.  //--------------------------------------------------------------------
28.    //输入信号
29.    wire       s_clr_n ; //异步清零, 低电平有效
30.    wire       s_clk   ; //时钟信号, 上升沿有效
31.    wire [1:0] s_mode  ; //工作模式
32.    wire       s_sr    ; //右移串行数据输入端
33.    wire       s_sl    ; //左移串行数据输入端
34.    wire [3:0] s_d     ; //置位输入
35.
36.    //输出信号
37.    reg  [3:0] s_q = 4'd0;
38.
39.  //--------------------------------------------------------------------
40.  //                              电路实现
41.  //--------------------------------------------------------------------
42.    //将输入信号并在一起
43.    assign s_clr_n = CLR;
44.    assign s_clk   = CLK;
45.    assign s_mode  = {S1, S0};
46.    assign s_sr    = SR;
47.    assign s_sl    = SL;
48.    assign s_d     = {D3, D2, D1, D0};
49.
50.    //输出
```

```
51.    assign {Q3, Q2, Q1, Q0} = s_q;
52.
53.    //移位处理
54.    always @(posedge s_clk or negedge s_clr_n) begin
55.      if(s_clr_n == 1'b0) begin
56.        s_q <= 4'd0;
57.      end
58.      else begin
59.        case(s_mode)
60.          2'b00 : s_q <= s_q;
61.          2'b01 : s_q <= {s_q[2:0], s_sr};
62.          2'b10 : s_q <= {s_sl, s_q[3:1]};
63.          2'b11 : s_q <= s_d;
64.          default : ;
65.        endcase
66.      end
67.    end
68.
69. endmodule
```

完善 MSI74194.v 文件之后，先单击 ▶ 按钮编译工程，编译无误后参考 4.3 节步骤 4 使用综合工具查看生成的电路图；然后参考本章 14.3 节步骤 3 和步骤 4 添加并关联仿真文件进行仿真测试，约束引脚并将空余引脚设置为高阻态输入；最后参考 3.3 节步骤 10 编译工程生成.sof 文件，下载到 FPGA 高级开发系统上，并参考 MSI74194 功能表，验证功能是否正确。

本 章 任 务

【任务 1】 在 Quartus Prime 环境下使用原理图输入方式，用 MSI74194 和必要的门电路构造一个状态图如图 14-7 所示的八进制扭环形计数器。编写测试激励文件，对该电路进行仿真；设置引脚约束，除了时钟输入 CLK 连接到 50MHz 有源晶振（对应 EP4CE15F23C8N 芯片引脚为 T1），其他输入使用拨动开关，输出使用 LED。在 Quartus Prime 环境中生成.sof 文件，并将其下载到 FPGA 高级开发系统进行板级验证。使用 Verilog HDL 实现该八进制扭环形计数器，按照同样的流程进行仿真和板级验证。

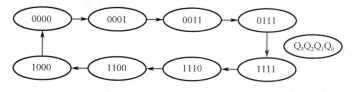

图 14-7 八进制扭环形计数器状态图

【任务 2】在 Quartus Prime 环境下使用原理图输入方式，用 MSI74194 和必要的门电路构造一个状态图如图 14-8 所示的七进制变形扭环形计数器。编写测试激励文件，对该电路进行仿真；设置引脚约束，除了时钟输入 CLK 连接到 50MHz 有源晶振（对应 EP4CE15F23C8N 芯片引脚为 T1），其他输入使用拨动开关，输出使用 LED。在 Quartus Prime 环境中生成.sof 文件，并将其下载到 FPGA 高级开发系统进行板级验证。使用 Verilog HDL 实现该七进制变形扭环形计数器，按照同样的流程进行仿真和板级验证。

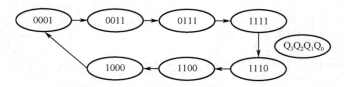

图 14-8　七进制变形扭环形计数器状态图

本 章 习 题

1. 使用 Verilog HDL 设计 8 位双向移位寄存器，并用该移位寄存器完成 8 位流水灯控制电路设计。

2. 在设计的 8 位双向移位寄存器基础上，完成多种功能的花样流水灯的控制，流水灯的显示样例不少于 4 种。

第 15 章　数模与模数转换

将连续变化的模拟信号转换为离散的数字信号的过程称为模数转换（Analog to Digital，A/D，简称 AD），能够实现模数转换的电路称为 A/D 转换器（Analog to Digital Converter，ADC）；将数字信号转换为模拟信号的过程称为数模转换（Digital to Analog，D/A，简称 DA），能够实现数模转换的电路称为 D/A 转换器（Digital to Analog Converter，DAC）。本实验通过 Verilog HDL 实现一个参数可调的数模转换系统，并在 Quartus Prime 环境中，对该系统进行仿真，再设置引脚约束，在 FPGA 高级开发系统上进行板级验证。

15.1　预 备 知 识

（1）权电阻网络 D/A 转换器。
（2）倒 T 形电阻网络 D/A 转换器。
（3）权电流型 D/A 转换器。
（4）D/A 转换器的主要技术指标。
（5）A/D 转换器的基本工作原理。
（6）A/D 转换器的主要电路形式。
（7）A/D 转换器的主要技术指标。
（8）AD9708 数模转换芯片。
（9）AD9280 模数转换芯片。

15.2　实 验 内 容

A/D 和 D/A 转换模块硬件结构图如图 15-1 所示。D/A 电路由高速 DA 芯片 AD9708、低通滤波器、幅值调节电路和模拟电压输出接口组成，电路图如图 1-15 所示。A/D 电路则由模拟电压输入接口、衰减电路和高速 AD 芯片 AD9280 组成，电路图如图 1-20 所示。

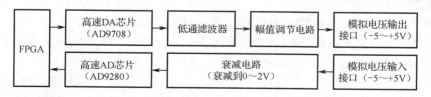

图 15-1　A/D 和 D/A 转换模块硬件结构图

基于 Verilog HDL，设计一个信号类型（正弦波、方波、三角波）、幅值（0.25V、0.5V、1V、2V）、频率（100Hz、200Hz、400Hz、800Hz）可调的数模转换系统，如图 15-2 所示。其中，本书配套的资料包提供分频模块（clk_gen_1hz）、按键去抖模块（clr_jitter_with_fsm）、信号发生模块（wave_generator）。本实验先设计三个计数模块，分别是波形类型计数器（type_cnt）、信号幅值计数器（amp_cnt）、频率计数器（freq_cnt），这三个模块均在 DACSystem.v 文件中完成；然后将这几个模块与资料包提供的模块整合为一个参数可调的数模转换系统。完成设计后，对该系统进行仿真。

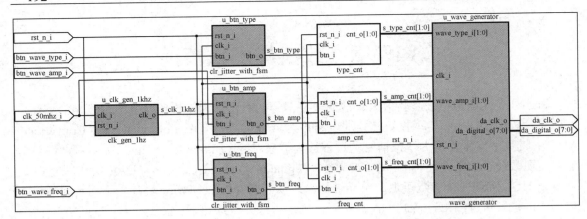

图 15-2　参数可调的数模转换系统电路图

完成仿真之后，进行引脚约束，其中，输入 rst_n_i、btn_tpye_i、btn_amp_i、btn_freq_i，使用独立按键 RESET、KEY1、KEY2、KEY3，对应 EP4CE15F23C8N 芯片引脚分别为 C22、V5、Y6、V3；时钟输入 clk_50mhz_i 与 50MHz 有源晶振的输出相连，对应 EP4CE15F23C8N 芯片引脚为 T1；输出 da_clk_o 与 AD9708 的 28 号引脚（CLK）相连接，对应 EP4CE15F23C8N 芯片引脚为 F22；输出 da_digital_o[7]～da_digital_o[0] 与 AD9708 的 1～8 号引脚（DB7～DB0）相连接，对应 EP4CE15F23C8N 芯片引脚分别为 H21、E22、F21、D22、E21、D20、D19、F19。使用 Quartus Prime 环境生成 .sof 文件，并将其下载到 FPGA 高级开发系统进行板级验证。

15.3　实验步骤

步骤 1：新建 HDL 工程

首先，将"D:\CycloneIVDigitalTest\Material"文件夹中的 Exp14.1_DACSystem 文件夹复制到"D:\CycloneIVDigitalTest\Product"文件夹中。然后，参考 5.3 节步骤 1，在目录"D:\CycloneIVDigitalTest\Product\Exp14.1_DACSystem\project"中新建工程名和顶层文件名均为 DACSystem 的工程。

新建工程后，参考 5.3 节步骤 1，将"D:\CycloneIVDigitalTest\Product\Exp14.1_DACSystem\code"中的 clk_gen_1hz.v、clr_jitter_with_fsm.v、wave_genetator.v、sine_generator.v、square_generator.v、triangle_generator.v 和 DACSystem.v 文件添加到工程中。

在添加的文件中，对较为烦琐的部分已给出了完整的代码，需要完成的只有顶层模块 DACSystem.v 文件。但是，从学习和设计的角度出发，完成 DACSystem.v 文件之后，可以结合对每个模块的理解，尝试编写代码实现各模块的功能。

步骤 2：完善 DACSystem.v 文件

打开 DACSystem.v 文件编辑界面，参考程序清单 15-1，完善 DACSystem.v 文件。下面对关键语句进行解释。

（1）第 30 至 73 行代码：DACSystem.v 中使用的各模块的例化。

（2）第 78 至 138 行代码：三个 always 语句分别实现的是波形、幅值和频率的计数，当复位按键按下时，计数器 s_type_cnt、s_amp_cnt 和 s_freq_cnt 恢复初始值 00，s_btn_type、s_btn_amp 和 s_btn_freq 分别为三个按键是否按下的标志信号，每检测到一次按键被按下，对应的标志信号便输出 1，相应的计数器便执行一次加 1 操作，这三个计数器又分别与波形发生器 u_wave_generator 的三个输入 wave_type_i、wave_amp_i 和 wave_freq_i 相连，这样 u_wave_generator 便可以根据相应计数器的值生成对应的波形。

程序清单 15-1

```
1.   `timescale 1ns / 1ps
2.
3.   //----------------------------------------------------------------
4.   //                        模块定义
5.   //----------------------------------------------------------------
6.   module DACSystem(
7.     input  wire        clk_50mhz_i   , //时钟输入，50MHz
8.     input  wire        rst_n_i       , //复位输入，低电平有效
9.     input  wire        btn_wave_type_i, //波形类型
10.    input  wire        btn_wave_amp_i , //信号幅值
11.    input  wire        btn_wave_freq_i, //信号频率
12.    output wire        da_clk_o      , //DA 时钟信号输出
13.    output wire [7:0]  da_digital_o    //DA 数据
14.    );
15.
16.   //----------------------------------------------------------------
17.   //                        信号定义
18.   //----------------------------------------------------------------
19.    wire        s_clk_1khz; //1kHz 时钟信号，用于按键去抖
20.    wire        s_btn_type; //波形选择
21.    wire        s_btn_amp ; //幅值选择
22.    wire        s_btn_freq; //频率选择
23.    reg  [1:0]  s_type_cnt = 2'b0; //波形计数
24.    reg  [1:0]  s_amp_cnt = 2'b0; //幅值计数
25.    reg  [1:0]  s_freq_cnt = 2'b0; //频率计数
26.
27.   //----------------------------------------------------------------
28.   //                        模块例化
29.   //----------------------------------------------------------------
30.    //1kHz 时钟
31.    clk_gen_1hz #(
32.      .CNT_MAX (26'd49999),
33.      .CNT_HALF(26'd24999)
34.    ) u_clk_gen_1khz(
35.      .clk_i (clk_50mhz_i), //时钟输入，50MHz
36.      .rst_n_i(rst_n_i     ), //复位输入，低电平有效
37.      .clk_o  (s_clk_1khz ) //时钟输出，1kHz
38.    );
39.
40.    //按键去抖，btn_o 高电平有效
41.    clr_jitter_with_fsm u_btn_type(
42.      .clk_i (s_clk_1khz    ), //时钟输入，1kHz
43.      .rst_n_i(rst_n_i       ), //复位输入，低电平有效
44.      .btn_i (btn_wave_type_i), //去抖之前的按键
45.      .btn_o (s_btn_type    )  //去抖之后的按键
46.    );
```

```
47.
48.   //按键去抖，btn_o 高电平有效
49.   clr_jitter_with_fsm u_btn_amp(
50.     .clk_i   (s_clk_1khz    ), //时钟输入，1kHz
51.     .rst_n_i(rst_n_i        ), //复位输入，低电平有效
52.     .btn_i   (btn_wave_amp_i ), //去抖之前的按键
53.     .btn_o   (s_btn_amp      )  //去抖之后的按键
54.   );
55.
56.   //按键去抖，btn_o 高电平有效
57.   clr_jitter_with_fsm u_btn_freq(
58.     .clk_i   (s_clk_1khz    ), //时钟输入，1kHz
59.     .rst_n_i(rst_n_i        ), //复位输入，低电平有效
60.     .btn_i   (btn_wave_freq_i), //去抖之前的按键
61.     .btn_o   (s_btn_freq     )  //去抖之后的按键
62.   );
63.
64.   //波形发生器
65.   wave_generator u_wave_generator(
66.     .clk_i        (clk_50mhz_i ), //时钟输入，50MHz
67.     .rst_n_i      (rst_n_i     ), //复位输入，低电平有效
68.     .wave_type_i (s_type_cnt  ), //00：正弦波，01：方波，02：三角波；11：无输出
69.     .wave_amp_i  (s_amp_cnt   ), //00: 0.25V, 01: 0.5V, 10: 1V, 11: 2V
70.     .wave_freq_i (s_freq_cnt  ), //00: 100Hz, 01: 200Hz, 10: 400Hz, 11: 800Hz
71.     .da_clk_o     (da_clk_o    ), //DA 时钟输出
72.     .da_digital_o(da_digital_o)  //DA 输出
73.   );
74.
75. //------------------------------------------------------------------------------
76. //                                 电路实现
77. //------------------------------------------------------------------------------
78.   //波形计数
79.   always @(posedge s_clk_1khz or negedge rst_n_i)
80.   begin
81.
82.     if(!rst_n_i)
83.       begin
84.       s_type_cnt <= 2'b00;
85.     end
86.
87.     else
88.       begin
89.       if(s_btn_type == 1'b1)
90.         begin
91.           if(s_type_cnt == 2'b10)
92.           begin
93.           s_type_cnt <= 2'b00;
94.         end
95.
96.           else
97.           begin
98.           s_type_cnt <= s_type_cnt + 2'b01;
```

```
99.            end
100.        end
101.      end
102.    end
103.
104.    //幅值计数
105.    always @(posedge s_clk_1khz or negedge rst_n_i)
106.    begin
107.
108.      if(!rst_n_i)
109.        begin
110.        s_amp_cnt   <= 2'b00;
111.      end
112.
113.      else
114.        begin
115.        if(s_btn_amp == 1'b1)
116.          begin
117.          s_amp_cnt <= s_amp_cnt + 2'b01;
118.        end
119.      end
120.    end
121.
122.    //频率计数
123.    always @(posedge s_clk_1khz or negedge rst_n_i)
124.    begin
125.
126.      if(!rst_n_i)
127.        begin
128.        s_freq_cnt <= 2'b00;
129.      end
130.
131.      else
132.        begin
133.        if(s_btn_freq == 1'b1)
134.          begin
135.          s_freq_cnt <= s_freq_cnt + 2'b01;
136.        end
137.      end
138.    end
139.
140. endmodule
```

完善 DACSystem.v 文件后，单击 ▶ 按钮编译工程，编译无误后参考 4.3 节步骤 4 使用综合工具查看生成的电路图，结合图 15-2 分析设计是否正确，一切无误后即可进行仿真。

步骤 3：添加仿真文件

首先参考 3.3 节步骤 8，执行菜单栏命令 File→Open，选择 "D:\CycloneIVDigitalTest\Product\Exp14.1_DACSystem\code" 中的 DACSystem_tb，并勾选添加到工程；然后将程序清单 15-2 中的第 28～39 和第 43～56 行代码添加进仿真文件 DACSystem_tb.vt 相应的位置。

程序清单 15-2

```
1.   `timescale 1 ns/ 1 ps
2.   module DACSystem_tb();
3.   //constants
4.   //general purpose registers
5.   //reg eachvec;
6.   //test vector input registers
7.   reg btn_wave_amp_i;
8.   reg btn_wave_freq_i;
9.   reg btn_wave_type_i;
10.  reg clk_50mhz_i;
11.  reg rst_n_i;
12.  //wires
13.  wire da_clk_o;
14.  wire [7:0]  da_digital_o;
15.
16.  //assign statements (if any)
17.  DACSystem i1 (
18.  //port map - connection between master ports and signals/registers
19.       .btn_wave_amp_i(btn_wave_amp_i),
20.       .btn_wave_freq_i(btn_wave_freq_i),
21.       .btn_wave_type_i(btn_wave_type_i),
22.       .clk_50mhz_i(clk_50mhz_i),
23.       .da_clk_o(da_clk_o),
24.       .da_digital_o(da_digital_o),
25.       .rst_n_i(rst_n_i)
26.  );
27.
28.  //初始化
29.  initial
30.  begin
31.    btn_wave_amp_i = 1'b1;
32.    btn_wave_freq_i = 1'b1;
33.    btn_wave_type_i = 1'b1;
34.    clk_50mhz_i = 1'b0;
35.    rst_n_i = 1'b1;
36.  end
37.
38.  //clock
39.  always #10 clk_50mhz_i <= ~clk_50mhz_i;
40.
41.  always
42.  begin
43.    btn_wave_type_i <= 1'b0;
44.    #30_000_000;//30ms
45.    btn_wave_type_i <= 1'b1;
46.    #50_000_000;//50ms
47.
48.    btn_wave_amp_i  <= 1'b0;
49.    #30_000_000;//30ms
50.    btn_wave_amp_i  <= 1'b1;
```

```
51.    #50_000_000;//50ms
52.
53.    btn_wave_freq_i <= 1'b0;
54.    #30_000_000;//30ms
55.    btn_wave_freq_i <= 1'b1;
56.    #50_000_000;//50ms
57.  end
58.
59.  endmodule
```

完善仿真文件后，先参考 3.3 节步骤 8 执行菜单栏命令 Assignments→Settings，将 DACSystem_tb.vt 与 ModelSim 进行关联；然后单击 ▶ 按钮编译工程并进行仿真，仿真结果 如图 15-3 所示，da_digital_o 的显示格式设置为无符号十进制显示，验证仿真结果。

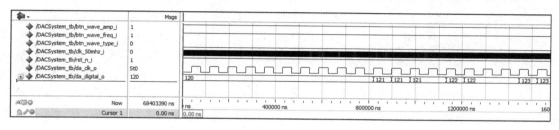

图 15-3　仿真结果

步骤 4：引脚约束

执行菜单栏命令 Assignments→Pin Planner 进行引脚约束，各端口对应引脚及 I/O 电平标准如图 15-4 所示。

Node Name	Direction	Location	I/O Bank	VREF Group	Fitter Location	I/O Standard	Reserved
btn_wave_amp_i	Input	❶ PIN_Y6	3	B3_N1	PIN_C15 ❷	3.3-V LVTTL	
btn_wave_freq_i	Input	PIN_V3	2	B2_N1	PIN_M6	3.3-V LVTTL	
btn_wave_type_i	Input	PIN_V5	3	B3_N1	PIN_E14	3.3-V LVTTL	
clk_50mhz_i	Input	PIN_T1	2	B2_N0	PIN_G1	3.3-V LVTTL	
da_clk_o	Output	PIN_F22	6	B6_N1	PIN_G12	3.3-V LVTTL	
da_digital_o[7]	Output	PIN_H21	6	B6_N1	PIN_U21	3.3-V LVTTL	
da_digital_o[6]	Output	PIN_E22	6	B6_N0	PIN_B4	3.3-V LVTTL	
da_digital_o[5]	Output	PIN_F21	6	B6_N0	PIN_H10	3.3-V LVTTL	
da_digital_o[4]	Output	PIN_D22	6	B6_N0	PIN_H2	3.3-V LVTTL	
da_digital_o[3]	Output	PIN_E21	6	B6_N0	PIN_H12	3.3-V LVTTL	
da_digital_o[2]	Output	PIN_D20	6	B6_N0	PIN_Y17	3.3-V LVTTL	
da_digital_o[1]	Output	PIN_D19	7	B7_N0	PIN_D13	3.3-V LVTTL	
da_digital_o[0]	Output	PIN_F19	6	B6_N0	PIN_M2	3.3-V LVTTL	
rst_n_i	Input	PIN_C22	6	B6_N0	PIN_T2	3.3-V LVTTL	

图 15-4　引脚约束

引脚约束完成后，先参考 3.3 节步骤 9 将空闲引脚设置为高阻态输入，然后参考 3.3 节步骤 10 编译工程生成.sof 文件，下载到 FPGA 高级开发系统上，按下 KEY₁ 切换波形，按下 KEY₂ 切换幅值，按下 KEY₃ 切换频率，通过示波器查看波形输出验证功能是否正确。注意，因为 D/A 转换电路中有幅值调节电路，因此最终输出的波形与 AD9708 输出的波形幅值可能会有 所不同，可以通过调节滑动变阻器将初始波形幅值调节到 0.25V，再通过独立按键验证其他 功能是否正确。

本 章 任 务

在 Quartus Prime 环境下，使用 Verilog HDL 设计实现如图 15-5 所示的模数转换系统。该系统可以对采集到的正弦波数字信号进行幅值和频率计算，并将结果显示在七段数码管上。其中，分频模块（clk_gen_1hz）和正弦波信号计算模块（wave_calculator）已提供，见本书配套资料包。本章任务先设计三个模块，分别是用于对幅值进行译码的七段数码管译码模块 1（seg7_decoder1）、用于对频率进行译码的七段数码管译码模块 2（seg7_decoder2），以及七段数码管显示模块（seg7_digital_disp）；然后将这些模块与资料包提供的其他现成模块整合为一个模数转换系统。完成设计后，编写测试激励文件，对该电路进行仿真；设置引脚约束，在 Quartus Prime 环境中生成.sof 文件，并将其下载到 FPGA 高级开发系统进行板级验证。提示：输入 rst_n_i，使用独立按键 RESET，对应 EP4CE15F23C8N 芯片引脚分别为 C22；输入 ad_digital_i[7]～ad_digital_i[0] 与 AD9280 的 12～5 号引脚（D7～D0）相接，对应 EP4CE15F23C8N 芯片引脚分别为 L15、J18、K19、H19、H20、F20、G18、G17；时钟输入 clk_50mhz_i 与 50MHz 有源晶振的输出相接，对应 EP4CE15F23C8N 芯片引脚 T1；输出 ad_clk_o 与 AD9280 的 15 号引脚（CLK）相接，对应 EP4CE15F23C8N 芯片引脚 L16；输出 seg7_sel_o[7]～seg7_sel_o[0] 与七段数码管模块的位选引脚 SEL7～SEL0 相接，对应 EP4CE15F23C8N 芯片引脚分别为 M20、M19、N20、N19、P20、P17、R20、R19；输出 seg7_data_o[7]～seg7_data_o[0] 与七段数码管模块的数据引脚 SEGDP、SEGG～SEGA 相接，对应 EP4CE15F23C8N 芯片引脚分别为 M5、G3、N17、L7、K7、M7、J4、N18。使用 Quartus Prime 环境生成 bit 文件，并将其下载到 FPGA 高级开发系统进行板级验证。

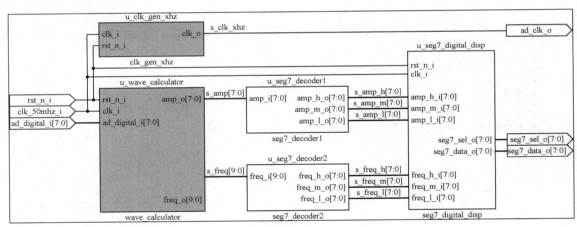

图 15-5　本章任务的模数转换系统

本 章 习 题

查阅资料，学习如何使用 Quartus Prime 内嵌的逻辑分析仪显示 ADC 转换的波形，简述实验步骤。

附录 A 数字电路 FPGA 设计常用引脚约束

（1）时钟和复位输入引脚约束如表 A-1 所示。

表 A-1 时钟和复位输入引脚约束

网 络 名	芯片引脚	网 络 名	芯片引脚
clk_50mhz_i	T1	rst_n_i	C22

（2）拨动开关引脚约束如表 A-2 所示。

表 A-2 拨动开关引脚约束

网 络 名	芯片引脚	网 络 名	芯片引脚
SW0	W7	SW8	U11
SW1	Y8	SW9	Y10
SW2	W10	SW10	V9
SW3	V11	SW11	W8
SW4	U12	SW12	Y13
SW5	R12	SW13	AB12
SW6	T12	SW14	AB11
SW7	T11	SW15	AA11

（3）LED 引脚约束如表 A-3 所示。

表 A-3 LED 引脚约束

网络名及颜色	芯片引脚	网络名及颜色	芯片引脚
LED0（红）	Y4	LED4（红）	P4
LED1（黄）	W6	LED5（黄）	T3
LED2（绿）	U7	LED6（绿）	M4
LED3（白）	V4	LED7（白）	N5

（4）独立按键引脚约束如表 A-4 所示。

表 A-4 独立按键引脚约束

网 络 名	芯片引脚	网 络 名	芯片引脚
KEY1	V5	KEY3	V3
KEY2	Y6	KEY4	Y3

（5）七段数码管引脚约束如表 A-5 所示。

表 A-5 七段数码管引脚约束

网 络 名	芯 片 引 脚	网 络 名	芯 片 引 脚
SEL0	R19	SELA	N18
SEL1	R20	SELB	J4
SEL2	P17	SELC	M7
SEL3	P20	SELD	K7
SEL4	N19	SELE	L7
SEL5	N20	SELF	N17
SEL6	M19	SELG	G3
SEL7	M20	SELDP	M5

（6）D/A 转换引脚约束如表 A-6 所示。

表 A-6 D/A 转换引脚约束

网 络 名	芯 片 引 脚	网 络 名	芯 片 引 脚
DA_CLK	F22	DA_DB4	D22
DA_DB0	F19	DA_DB5	F21
DA_DB1	D19	DA_DB6	E22
DA_DB2	D20	DA_DB7	H21
DA_DB3	E21		

（7）A/D 转换引脚约束如表 A-7 所示。

表 A-7 A/D 转换引脚约束

网 络 名	芯 片 引 脚	网 络 名	芯 片 引 脚
AD_CLK	L16	AD_D4	H19
AD_D0	G17	AD_D5	K19
AD_D1	G18	AD_D6	J18
AD_D2	F20	AD_D7	L15
AD_D3	H20		

附录 B 《Verilog HDL 程序设计规范（LY-STD010-2019）》简介

该规范是由深圳市乐育科技有限公司于 2019 年发布的 Verilog HDL 程序设计规范，其版本为 LY-STD010-2019。该规范详细介绍了 Verilog HDL 程序设计规范，包括排版、注释、命名规范等，以及 Verilog HDL 文件模板和 UCF 文件模板，并对这两个模板进行了详细的说明。使用代码书写规则和规范可以使程序更加规范与高效，对代码的理解和维护能起到至关重要的作用。

B.1 排　　版

（1）程序块要采用缩进风格编写，缩进的空格数为两个。对于由开发工具自动生成的代码，其缩进可以不一致。

（2）必须将 Tab 键设定为转换为两个空格，以免在用不同的编辑器阅读程序时，因 Tab 键所设置的空格数目不同而造成程序布局不整齐。对于由开发工具自动生成的代码，其缩进可以不一致。

（3）相对独立的模块之间、信号说明之后必须加空行。

例如：

```
wire        s_clk_1hz;      //信号描述或说明
reg  [1:0]  s_cnt;          //信号描述或说明
------------------------------空行隔开------------------------------
reg  [1:0]  s_curr_state;   //信号描述或说明
reg  [1:0]  s_next_state;   //信号描述或说明
```

（4）不允许把多个短语句写在一行中，即一行只写一条语句，但是，允许注释和 Verilog 语句在同一行上。

例如：

```
assign s_rx_reg1 = 0;  assign s_rx_reg2 = 0;
```

应该写为

```
assign s_rx_reg1 = 0;
assign s_rx_reg2 = 0;
```

（5）if、while 等语句独自占一行。

例如：

```
always @(posedge s_clk_1hz or negedge rst_n_i)
begin
  if(!rst_n_i)
    s_curr_state <= ZERO;
  else
    s_curr_state <= s_next_state;
```

```
end
```

（6）在对两个以上的关键字、信号、参数进行对等操作时，在它们之间的操作符之前、之后或者前、后要加空格。

例如：

```
wire [7:0] s_fifo_write_data;
reg s_rx_reg1;
for(s_index = 1; s_index <= 10; s_index = s_index + 1)
s_count = s_count + 1;
```

B.2 注　释

注释是源码程序中非常重要的一部分，通常情况下规定有效的注释量不得少于 20%。其原则是有助于对程序的阅读理解，所以注释语言必须准确、简明扼要。注释既不宜太多也不宜太少，内容要一目了然，意思表达应准确，以避免造成歧义。总之，该加的注释一定要加，不该加的注释就不加。

（1）边写代码边注释，在修改代码同时修改相应的注释，以保证注释与代码的一致性。不再有用的注释要删除。

（2）注释描述需要使用"//"，若注释多余一行则使用"/*******/"或每行加上"//"。

（3）注释的内容要清楚、明了，含义准确，以防止注释二义性。避免在注释中使用缩写。

（4）注释应考虑程序易读及外观排版的因素，使用的语言若是中、英文兼有的，建议多使用中文，除非能用非常流利准确的英文表达。注释描述需要对齐。

B.3 命 名 规 范

标识符的命名要清晰、明了，有明确含义，同时使用完整的单词或众人基本可以理解的缩写，以避免使人产生误解。较短的单词可通过去掉"元音"形成缩写，较长的单词可取单词的头几个字母形成缩写；一些单词有公认的缩写。建议使用如表 B-1 所列的命名缩写方式。

表 B-1　命名缩写方式

全　　称	缩　写	全　　称	缩　写
clock	clk	count	cnt
reset	rst	request	req
clear	clr	control	ctrl
address	addr	arbiter	arb
data_in	din	pointer	ptr
data_out	dout	segment	seg
interrupt request	int_req	memory	mem
read enable	rd_en	register	reg
write enable	wr_en	valid	vld

1. 复位和时钟输入命名

（1）全局异步复位输入信号命名为 rst_i/rst_n_i；多复位域命名为 rst_xxx_i/rst_xxx_n_i，xxx 代表复位域含义缩写；同步复位输入信号命名为 srst_i/srst_n_i；

（2）时钟输入信号：单一时钟域命名为 clk_i；多时钟域命名为 clk_xxx_i，xxx 代表时钟域含义。

2. 文件和模块命名

一个模块为一个文件，且文件名与模块名要保持一致。文件和模块命名应采用所有字母小写，且两个单词之间以下画线连接的方式进行命名。

例如：

```
seg7_digital_led
receive_top
```

3. 参数命名

Verilog HDL 中的参数均应采用所有字母大写，且两个单词之间以下画线连接的方式进行命名。

例如：

```
SYS_CLOCK
RX_IDLE
RX_START
```

4. 信号命名

Verilog HDL 中的 wire 和 reg 均属于信号，wire 和 reg 应采用所有字母小写，且两个单词之间以下画线连接的方式进行命名，并要有 s_前缀，低电平有效的信号应该以_n 结尾。

例如：

```
s_ram_addr。
s_cs_n
```

5. 例化模块命名

Verilog HDL 中的例化模块应采用所有字母小写，且两个单词之间以下画线连接的方式进行命名，并要有 u_前缀。

例如：

```
u_receiver
u_seg7_digital_led1
u_seg7_digital_led2
```

B.4　always 块描述方式

（1）always 上面需要有注释。

（2）一个 always 需要配一个 begin 和 end。

（3）begin 放在 always 语句的下一行，与 end 对齐。

（4）嵌套代码需要缩进两个空格。

（5）一个 always 块只包含一个时钟和复位。

（6）时序逻辑使用非阻塞赋值。

B.5　编　码　规　范

1. RTL 级代码风格

RTL（Register Transfer Level，寄存器传输级）代码显式定义每个 DFF，组合电路描述每个 DFF 之间的信号传输过程。当前的主流工具对 RTL 级的综合、优化及仿真非常成熟。

不建议采用行为级甚至更高级的语言来描述硬件，否则代码的可控性、可跟踪性及可移植性难以保证。

2. 组合逻辑电路与时序逻辑电路分开原则

数字逻辑电路模型如图 B-1 所示。

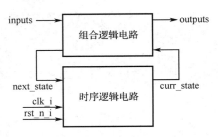

图 B-1　数字逻辑电路模型

（1）curr_state = ↑ (next_state)。

（2）next_state = f1(inputs, curr_state)。

（3）outputs = f2(inputs, curr_state)。

DFF 和组合逻辑描述分开，DFF 在 always 块中完成，组合逻辑推荐采用 assign 语句完成，如果采用 always 语句表达组合逻辑，则应注意敏感列表的完备性、电路的对应性等问题。

例如，图 B-1 中的电路可以描述如下：

```
//时序逻辑电路部分，异步复位
always @(posedge clk_i or negedge rst_n_i)
begin
if (!rst_n_i)
curr_state <= 0;
else
curr_state <= next_state;
    end
//组合逻辑电路部分
assign next_state = f1(inputs, curr_state);
assign outputs = f2(inputs, curr_state);
```

3. 复位

所有 DFF 必须加异步低电平/高电平有效复位信号，同步复位根据实际情况决定是否添加。

B.6　Verilog HDL 文件模板

每个 Verilog HDL 文件模块由模块描述区、模块定义区、参数定义区、信号定义区、模块例化区、电路实现区组成。

1. 模块描述区

```
//----------------------------------------------------------------------
//模块名称: code_demo
//模块摘要: 代码样例
//当前版本: 1.0.0
//模块作者: Leyutek(COPYRIGHT 2018 - 2021 Leyutek. All rights reserved.)
//完成日期: 2019 年 01 月 01 日
//模块内容:
//注意事项:
//----------------------------------------------------------------------
//取代版本:
//模块作者:
//完成日期:
//修改内容:
//修改文件:
//----------------------------------------------------------------------
`timescale 1ns / 1ps
```

2. 模块定义区

```
//----------------------------------------------------------------------
//                           模块定义
//----------------------------------------------------------------------
module code_demo(
  input  wire       clk_50mhz_i, //时钟输入，50MHz
  input  wire       rst_n_i,     //复位输入，低电平有效

  output reg  [3:0] led_o        //led 输出，4 位
  );
```

3. 参数定义区

```
//----------------------------------------------------------------------
//                           参数定义
//----------------------------------------------------------------------
  parameter LED3_ON = 4'b0111;    //LED3 点亮
  parameter LED2_ON = 4'b1011;    //LED2 点亮
  parameter LED1_ON = 4'b1101;    //LED1 点亮
  parameter LED0_ON = 4'b1110;    //LED0 点亮
  parameter LED_OFF = 4'b1111;    //全部 LED 熄灭

  parameter ZERO    = 2'b00;      //ZERO 状态
  parameter ONE     = 2'b01;      //ONE 状态
  parameter TWO     = 2'b10;      //TWO 状态
  parameter THREE   = 2'b11;      //THREE 状态
```

4. 信号定义区

```
//----------------------------------------------------------------------
//                           信号定义
//----------------------------------------------------------------------
  wire       s_clk_1hz;    //信号描述或说明
  reg  [1:0] s_cnt;        //信号描述或说明
```

```
reg  [1:0]    s_curr_state;    //信号描述或说明
reg  [1:0]    s_next_state;    //信号描述或说明
```

5. 模块例化区

```
//--------------------------------------------------------------------
//                          模块例化
//--------------------------------------------------------------------

//XXXX 模块例化
clk_gen_1hz u_clk_gen_1hz(
  .clk_i   (clk_50mhz_i),
  .rst_n_i (rst_n_i    ),
  .clk_o   (s_clk_1hz  )
  );
```

6. 电路实现区

```
//--------------------------------------------------------------------
//                          电路实现
//--------------------------------------------------------------------

//功能描述
always @(posedge s_clk_1hz or negedge rst_n_i)
begin
  if(!rst_n_i)
    s_curr_state <= ZERO;
  else
    s_curr_state <= s_next_state;
end

//功能描述
always @(s_curr_state)
begin
  case(s_curr_state)
  ZERO:
    begin
      s_cnt = 2'b00;
      s_next_state = ONE;
    end
   ONE:
    begin
      s_cnt = 2'b01;
      s_next_state = TWO;
    end
  TWO:
    begin
      s_cnt = 2'b10;
      s_next_state = THREE;
    end
  THREE:
    begin
      s_cnt = 2'b11;
```

```
            s_next_state = ZERO;
        end
    default:
        begin
            s_cnt = 2'b00;
            s_next_state = ZERO;
        end
    endcase
end

//功能描述
always @(s_cnt)
begin
    case(s_cnt)
        2'b00  : led_o = LED3_ON;
        2'b01  : led_o = LED2_ON;
        2'b10  : led_o = LED1_ON;
        2'b11  : led_o = LED0_ON;
        default: led_o = LED_OFF;
    endcase;
end

endmodule
```

参 考 文 献

[1] 蔡良伟. 数字电路与逻辑设计[M]. 3 版. 西安：西安电子科技大学出版社，2014.

[2] 蔡良伟. 电路与电子学实验教程[M]. 西安：西安电子科技大学出版社，2012.

[3] 阎石. 数字电子技术基础[M]. 5 版. 北京：高等教育出版社，2006.

[4] 赵曙光，刘玉英，崔葛瑾. 数字电路及系统设计[M]. 北京：高等教育出版社，2011.

[5] 张玉茹，赵明，李云，等. 数字逻辑电路设计[M]. 2 版. 哈尔滨：哈尔滨工业大学出版社，2018.

[6] 康磊，宋彩利，李润洲. 数字电路设计及 Verilog HDL 实现[M]. 西安：西安电子科技大学出版社，2010.

[7] 徐少莹，任爱锋. 数字电路与 FPGA 设计实验教程[M]. 西安：西安电子科技大学出版社，2012.

[8] 王冠，黄熙，王鹰. Verilog HDL 与数字电路设计[M]. 北京：机械工业出版社，2006.

[9] 陈欣波. 基于 FPGA 的现代数字电路设计[M]. 北京：北京理工大学出版社，2018.

[10] 林明权. VHDL 数字控制系统设计范例[M]. 北京：电子工业出版社，2003.

[11] 聂小燕，鲁才. 数字电路 EDA 设计与应用[M]. 北京：人民邮电出版社，2010.

[12] 王道宪，贺名臣，刘伟. VHDL 电路设计技术[M]. 北京：国防工业出版社，2004.

[13] 罗杰. Verilog HDL 与数字 ASIC 设计基础[M]. 武汉：华中科技大学出版社，2008.

[14] 佩德罗尼. VHDL 数字电路设计教程[M]. 乔庐峰，王志功，等译. 北京：电子工业出版社，2013.

[15] 拉拉. 现代数字系统设计与 VHDL[M]. 乔庐峰，尹廷辉，董时华，等译. 北京：电子工业出版社，2010.

[16] 布朗，弗拉内希奇. 数字逻辑基础与 VHDL 设计[M]. 伍微，译. 北京：机械工业出版社，2011.

[17] 弗洛伊德. 数字电子技术[M]. 11 版. 余璆，熊洁，译. 北京：电子工业出版社，2019.

[18] 马诺，西勒提. 数字设计[M]. 徐志军，尹廷辉，译. 3 版. 北京：电子工业出版社，2004.

反侵权盗版声明

电子工业出版社依法对本作品享有专有出版权。任何未经权利人书面许可，复制、销售或通过信息网络传播本作品的行为，歪曲、篡改、剽窃本作品的行为，均违反《中华人民共和国著作权法》，其行为人应承担相应的民事责任和行政责任，构成犯罪的，将被依法追究刑事责任。

为了维护市场秩序，保护权利人的合法权益，我社将依法查处和打击侵权盗版的单位和个人。欢迎社会各界人士积极举报侵权盗版行为，本社将奖励举报有功人员，并保证举报人的信息不被泄露。

举报电话：（010）88254396；（010）88258888

传　　真：（010）88254397

E-mail：　dbqq@phei.com.cn

通信地址：北京市海淀区万寿路 173 信箱
　　　　　电子工业出版社总编办公室

邮　　编：100036